Yueya Chang

Rio Huangpu: a evolução e o tratamento da poluição da água

Yueya Chang

Rio Huangpu: a evolução e o tratamento da poluição da água

ScienciaScripts

Imprint

Any brand names and product names mentioned in this book are subject to trademark, brand or patent protection and are trademarks or registered trademarks of their respective holders. The use of brand names, product names, common names, trade names, product descriptions etc. even without a particular marking in this work is in no way to be construed to mean that such names may be regarded as unrestricted in respect of trademark and brand protection legislation and could thus be used by anyone.

Cover image: www.ingimage.com

This book is a translation from the original published under ISBN 978-620-7-84313-8.

Publisher:
Sciencia Scripts
is a trademark of
Dodo Books Indian Ocean Ltd. and OmniScriptum S.R.L publishing group

120 High Road, East Finchley, London, N2 9ED, United Kingdom
Str. Armeneasca 28/1, office 1, Chisinau MD-2012, Republic of Moldova, Europe
Printed at: see last page
ISBN: 978-620-7-90394-8

Perfil do autor

Yueya Chang, nascido em janeiro de 1988 em Jining, província de Shandong, é um académico com uma profunda formação académica e uma rica experiência prática no domínio da proteção ambiental. Licenciei-me na Universidade Normal da China Oriental em 2018 com um doutoramento em engenharia ambiental e, em seguida, trabalhei na proteção ambiental numa empresa bem conhecida durante três anos, período durante o qual obtive com êxito o certificado de Engenheiro Sénior de Proteção Ambiental na Série de Gestão Urbana.

Durante o meu tempo na empresa, estive profundamente envolvido em vários projectos de controlo da poluição da água, e as minhas competências profissionais e capacidade de prática de engenharia foram significativamente melhoradas. A minha paixão e dedicação à proteção ambiental, bem como a minha experiência no controlo da poluição da água, valeram-me um amplo reconhecimento na indústria.

Posteriormente, entrei para o Shanghai Urban Construction Vocational College como professor. Integro a minha experiência no controlo da poluição da água no meu ensino, orientando os alunos para compreenderem profundamente a importância e os métodos práticos da proteção ambiental através de casos concretos e pontos de vista académicos de vanguarda. Dou ênfase ao cultivo da capacidade prática e do espírito inovador dos alunos e encorajo-os a participar em projectos de investigação científica e actividades práticas, o que contribui para o cultivo de mais talentos de elevada qualidade na área da proteção ambiental.

Não só obtive resultados no meio académico, como também participei ativamente em várias actividades de proteção ambiental e de bem-estar público. Estou profundamente consciente da importância da proteção ambiental e sempre me empenhei em promover o desenvolvimento da proteção ambiental. Os meus resultados de investigação e as minhas opiniões académicas tiveram um grande impacto tanto no meio académico como na indústria.

Neste livro, partilharei a minha experiência e os meus conhecimentos no domínio da proteção do ambiente, na esperança de chamar mais a atenção para a proteção do ambiente e de inspirar mais pessoas a participar nesta causa. Os meus conhecimentos profissionais e a minha experiência prática proporcionarão aos leitores referências e conhecimentos valiosos que ajudarão todos a compreender melhor e a lidar com as questões ambientais actuais.

Índice

Preâmbulo

A motivação para escrever este livro deriva da minha profunda afeição pelo rio Huangpu de Xangai, na China, e da minha persistente busca pela proteção do ambiente aquático. O rio Huangpu não é apenas o símbolo de Xangai, mas também a chave para a saúde ecológica da cidade. Com o rápido desenvolvimento da industrialização e da urbanização, o rio Huangpu está a enfrentar desafios sem precedentes em matéria de poluição da água. Com este livro, espero documentar a evolução da poluição da água no rio Huangpu, analisar a situação atual da qualidade da água e propor estratégias e recomendações de gestão científicas e razoáveis.

Além disso, espero também que este livro inspire mais pessoas a prestar atenção e a participar na proteção ambiental da água, e promova o reconhecimento social e a prática do conceito de desenvolvimento sustentável.

Ao partilhar os meus resultados de investigação e a minha experiência prática, espero contribuir para a gestão do ambiente aquático do rio Huangpu e de toda a região.

O livro intitula-se "Rio Huangpu: a evolução e o tratamento da poluição da água" e está dividido nas seguintes secções

Revisão histórica: Introduzir as características geográficas naturais e as mudanças históricas do rio Huangpu e o processo de desenvolvimento do problema da poluição da água.

Análise da situação atual: Descrição pormenorizada da situação atual da qualidade da água do rio Huangpu, incluindo as fontes de poluição, os tipos de poluentes e as suas características de distribuição.

Estudo de casos: Demonstrar os êxitos e os desafios do controlo da poluição da água do rio Huangpu através de casos específicos.

Estratégias de governação: Propor estratégias e medidas de governação baseadas na investigação científica, incluindo recomendações a nível técnico, de gestão e político.

Perspectivas futuras: Antever a tendência de desenvolvimento futuro do ambiente aquático do rio Huangpu e propor a visão e o caminho para concretizar o desenvolvimento sustentável.

Participação do público: Salienta o papel do público na proteção do ambiente aquático e fornece formas e meios de participar no controlo da poluição da água.

Este livro tem como objetivo fornecer um livro de referência abrangente e aprofundado sobre o controlo da poluição da água do rio Huangpu para os decisores políticos, os trabalhadores da proteção ambiental, os investigadores académicos e o público em geral. Através deste livro, os leitores compreenderão o passado e o presente do rio Huangpu, terão uma visão do seu futuro e participarão na grande causa da proteção ambiental da água.

Parte I: História e situação do rio Huangpu

Capítulo 1: Contexto geográfico e histórico do rio Huangpu

1.1 Antecedentes históricos do rio Huangpu

O rio Huangpu, como rio-mãe de Xangai, não é apenas a fonte de vida da cidade, mas também uma testemunha da sua história e cultura. Com cerca de 113 quilómetros de comprimento e uma bacia hidrográfica de 2 300 quilómetros quadrados, o rio serpenteia pelo centro de Xangai, acabando por se fundir com o rio Yangtze e tornar-se uma parte importante do delta do rio Yangtze. A bacia hidrográfica do rio Huangpu cobre a maior parte de Xangai, fornecendo à cidade abundantes recursos hídricos e facilitando o desenvolvimento do transporte e do tráfego por água. As paisagens naturais de ambos os lados do rio e as paisagens humanísticas estão interligadas, constituindo a paisagem urbana única de Xangai.

A história do rio Huangpu remonta a tempos antigos e testemunhou o desenvolvimento gradual de Xangai, que passou de uma aldeia piscatória a uma cidade cosmopolita. Já na dinastia Song, o rio Huangpu era uma importante via fluvial, que cresceu em importância com o desenvolvimento da área de Xangai. Com a abertura de Xangai em meados do século XIX, o rio Huangpu tornou-se um porto importante para o comércio internacional, atraindo um grande número de navios e comerciantes estrangeiros, e com o estabelecimento da Área de Concessão no final do século XIX e início do século XX, a área ao longo do rio Huangpu desenvolveu-se rapidamente no centro comercial e financeiro de Xangai, e os edifícios clássicos europeus no Bund e os modernos arranha-céus em Pudong testemunharam juntos a prosperidade e a mudança da cidade.

O rio Huangpu não é apenas a linha de vida económica de Xangai, mas também um símbolo de integração cultural. A zona do Bund, o mais antigo centro financeiro e comercial de Xangai, alberga muitos edifícios históricos de bancos e empresas, que são uma mistura de estilos arquitectónicos chineses e ocidentais, demonstrando a abertura e a tolerância de Xangai, uma cidade cosmopolita. O cruzeiro noturno no rio Huangpu é uma excursão popular em Xangai, onde os turistas podem fazer um cruzeiro para apreciar a bela paisagem e o espetáculo de luzes em ambas as margens do rio e sentir o sabor histórico e a vitalidade moderna da cidade.

No entanto, com o desenvolvimento da industrialização e da urbanização, o rio Huangpu também está a enfrentar problemas como a poluição da qualidade da água e os danos ecológicos. Para melhorar a qualidade da água e o ambiente ecológico do rio Huangpu, o Governo

6

Municipal de Xangai adoptou uma série de medidas, incluindo o tratamento de águas residuais e a formação fluvial. Nos últimos anos, com o reforço contínuo da gestão ambiental, a qualidade da água do rio Huangpu melhorou significativamente e o ambiente ecológico foi efetivamente restaurado. O desenvolvimento verde ao longo do rio Huangpu, incluindo a construção de parques ecológicos e a melhoria da cobertura verde, não só melhorou a qualidade do ambiente ecológico da cidade, como também se tornou um símbolo importante do desenvolvimento sustentável de Xangai.

Olhando para o futuro, o rio Huangpu continuará a desempenhar um papel importante no desenvolvimento de Xangai. O planeamento urbano centra-se no desenvolvimento sustentável, com o objetivo de equilibrar o desenvolvimento económico e a proteção ambiental. O planeamento urbano ao longo do rio Huangpu centra-se no desenvolvimento económico da cidade e na proteção e melhoria do ambiente ecológico. Com o investimento contínuo do Governo Municipal de Xangai e a gestão do rio Huangpu, este rio mãe será certamente revitalizado e tornar-se-á um modelo de desenvolvimento sustentável em Xangai e mesmo na região do delta do rio Yangtze. A história do rio Huangpu é a história de Xangai e o epítome do processo de reforma, abertura e modernização da China.

1.2 Características hidrológicas do rio Huangpu

I. Visão geral do sistema de água

Situada na parte oriental da China, Xangai faz fronteira com o Mar da China Oriental a leste, com as províncias de Jiangsu e Zhejiang a norte e a oeste e com a Baía de Hangzhou a sul, e possui um rico sistema hídrico. O seu sistema hídrico é constituído principalmente pelas águas costeiras ao longo do rio e pelo sistema hídrico terrestre, especialmente a confluência do rio Yangtze e do rio Huangpu no mar, o que constitui uma base importante para o ambiente hidrológico de Xangai.

II. Características hidrológicas

Métodos de caudal e recarga:

Xangai pertence ao clima de monção subtropical do norte, com chuva e calor em s i m u l t â n e o, e precipitação abundante. O principal modo de recarga dos rios é a recarga das águas pluviais, resultando numa grande quantidade de água dos rios.

Inundação:

Xangai tem um clima ameno e húmido, com primavera e outono curtos e inverno e verão longos. O verão é a estação das cheias e o inverno é a estação seca. A estação das cheias, relativamente longa, está intimamente relacionada com as características climáticas de Xangai.

Período de gelo:

Como Xangai tem um clima subtropical de monção com invernos mais quentes, os rios estão geralmente sem gelo.

Volume e variação anual do escoamento superficial:

A distribuição regional do escoamento anual varia muito de ano para ano, mas há pouca diferença regional na profundidade do escoamento anual, geralmente 250 a 350 milímetros, diminuindo do sul para o norte.

Teor de areia:

Xangai está localizada no curso inferior do r i o Yangtze, e o rio contém sedimentos das regiões a montante e a meio do curso.

Temperatura e salinidade da água:

As temperaturas da água são elevadas no verão e baixas no inverno. A salinidade das águas costeiras é elevada no sul e no norte e baixa no centro. A salinidade do estuário do rio Yangtze é baixa em anos de água abundante e alta em anos de água seca.

Terreno e precipitação radioactiva:

Xangai tem uma topografia plana e pequenas quedas de rio, o que faz com que os rios corram relativamente devagar e também afecta a sua capacidade de drenagem.

Condições especiais da água:

De acordo com o "Perfil Regional da Água e da Precipitação de Xangai 2022", em 2022, a precipitação total anual em Xangai é baixa, mas as tempestades são fortes e localizadas, com um total de 27 tempestades ao longo do ano, caracterizadas por tempestades localizadas. Além disso, os tufões também têm um impacto significativo na situação da água em Xangai, como o tufão n.º 12 "Meihua", que trouxe "vento, tempestade e maré" para Xangai, resultando no estuário do rio Yangtze e no nível da água do rio Huangpu, que excedeu significativamente o alarme.

Em resumo, Xangai tem um sistema hídrico bem desenvolvido, as características hidrológicas são significativamente influenciadas pelo clima de monção, o caudal do rio é grande, a época de cheias é longa, não há período de congelação, o teor de areia é grande e o terreno é plano, o que resulta numa pequena queda do rio. Além disso, fenómenos climáticos especiais, como os tufões, têm também uma influência importante nas condições da água em Xangai.

Capítulo 2: Desafios modernos do rio Huangpu: questões de qualidade da água

2.1 Descargas de águas residuais industrializadas

A industrialização de Xangai começou em meados do século XIX. Com a invasão das potências ocidentais e a assinatura de tratados desiguais, Xangai tornou-se gradualmente a janela de abertura da China ao mundo exterior e um importante porto para o comércio internacional. Como rio-mãe de Xangai, o rio Huangpu, com a sua localização geográfica favorável e águas profundas, tornou-se um importante apoio ao desenvolvimento industrial. Com a abertura de Xangai, foi construído um grande número de fábricas ao longo do rio e o valor do transporte marítimo do rio Huangpu foi muito utilizado, tornando-se um importante canal de ligação entre os mercados interno e externo. No entanto, com o aprofundamento do desenvolvimento da industrialização, o rio Huangpu foi também sujeito a uma enorme pressão ambiental.

No processo de industrialização, uma grande quantidade de águas residuais industriais não tratadas ou inadequadamente tratadas é diretamente descarregada no rio Huangpu, contendo metais pesados, poluentes orgânicos, azoto, fósforo e outras substâncias perigosas, prejudicando seriamente o equilíbrio ecológico da massa de água. Ao mesmo tempo, com o rápido crescimento da população urbana, a quantidade de descargas de esgotos domésticos também aumentou drasticamente, e a matéria orgânica e os microrganismos patogénicos presentes nos esgotos domésticos causaram uma poluição secundária da qualidade da água. A acumulação a longo prazo destes poluentes conduziu à deterioração contínua da qualidade da água do rio Huangpu.

As manifestações específicas da deterioração da qualidade da água podem refletir-se em vários indicadores de qualidade da água. Por exemplo, uma diminuição do oxigénio dissolvido (OD) indica que a capacidade de auto-purificação da massa de água está enfraquecida; um aumento do azoto amoniacal (NH3-N) e do fósforo total (TP) indica um aumento do grau de eutrofização da massa de água. Além disso, o aparecimento do fenómeno da floração é uma manifestação visual da deterioração da qualidade da água, um grande número de algas em excesso na eutrofização da massa de água, a formação de uma cobertura verde ou azul-esverdeada da superfície da água, afectando seriamente a transparência da massa de água e a troca de oxigénio, resultando na morte de um grande número de peixes e outros organismos aquáticos.

O impacto da deterioração da qualidade da água nos ecossistemas é multifacetado. Em primeiro lugar, a diversidade dos organismos aquáticos é ameaçada e algumas espécies com elevadas exigências em termos de qualidade da água são reduzidas em número ou mesmo extintas. Em segundo lugar, a estabilidade da cadeia alimentar aquática é posta em causa e algumas substâncias tóxicas acumulam-se ao longo da cadeia alimentar, afectando os consumidores mais avançados. Além disso, a deterioração da qualidade da água leva à perda de habitat para os organismos aquáticos, afectando a sua reprodução e crescimento.

O impacto na saúde humana também não pode ser ignorado. A deterioração da qualidade da água pode levar à contaminação das fontes de água potável e aumentar o risco de doenças. Por exemplo, um aumento dos microrganismos patogénicos pode conduzir a uma epidemia de doenças infecciosas intestinais; a acumulação de metais pesados e outras substâncias tóxicas pode ter um impacto a longo prazo na saúde humana, afectando, por exemplo, o sistema nervoso e o sistema imunitário. Além disso, a deterioração da qualidade da água pode afetar as actividades de lazer das pessoas, como a natação e a pesca, e reduzir a qualidade de vida.

2.2 Descarga de águas residuais domésticas

Xangai, uma das maiores cidades da China, registou um crescimento significativo da sua população nas últimas décadas. Com o aumento da população, a quantidade de águas residuais geradas pela vida quotidiana dos residentes urbanos também aumentou. As águas residuais domésticas, que consistem principalmente em águas residuais domésticas, águas residuais comerciais e águas residuais de serviços públicos, contêm grandes quantidades de matéria orgânica, microrganismos patogénicos, azoto, fósforo e outros poluentes. Como resultado da urbanização acelerada, é muitas vezes difícil para o desenvolvimento das infra-estruturas urbanas acompanhar o crescimento da população, o que leva a um atraso na construção de instalações de tratamento de águas residuais. Em algumas zonas urbanas antigas, por razões históricas, o sistema de canalização subterrânea está desatualizado e o fenómeno do fluxo combinado de águas pluviais e de esgotos é comum, permitindo que esgotos domésticos não tratados ou inadequadamente tratados sejam descarregados direta ou indiretamente no rio Huangpu.

A descarga direta de águas residuais domésticas no rio Huangpu conduzirá, em primeiro lugar, a um aumento acentuado do teor de matéria orgânica na massa de água, que consome uma grande quantidade de oxigénio dissolvido sob a ação de microrganismos, conduzindo a uma falta de oxigénio na massa de água e afectando a sobrevivência dos organismos aquáticos. Ao mesmo tempo, o aumento de microrganismos patogénicos pode causar uma epidemia de doenças transmitidas pela água, constituindo uma ameaça para a saúde humana.

Além disso, os nutrientes como o azoto e o fósforo presentes nas águas residuais domésticas são os principais factores de eutrofização das massas de água. A eutrofização pode levar à ocorrência do fenómeno de floração da água, a reprodução excessiva de algas consome uma grande quantidade de oxigénio dissolvido e a formação de zonas mortas, deteriorando ainda mais a qualidade da água. A decomposição das algas após a sua morte produz também substâncias tóxicas, causando uma poluição secundária dos ecossistemas aquáticos.

A longo prazo, a descarga de águas residuais domésticas polui igualmente o substrato do rio Huangpu e os poluentes presentes no substrato podem acumular-se na cadeia alimentar e afetar a saúde dos organismos aquáticos. Simultaneamente, os poluentes presentes nos sedimentos podem ser reintroduzidos na massa de água em determinadas condições, dando origem a uma poluição secundária.

O impacto das descargas de águas residuais domésticas no ecossistema do rio Huangpu é de grande alcance. A diversidade dos organismos aquáticos está ameaçada e algumas espécies sensíveis podem diminuir ou desaparecer devido à deterioração da qualidade da água. A estabilidade da cadeia alimentar aquática é afetada e algumas substâncias tóxicas podem acumular-se na cadeia alimentar e afetar os consumidores avançados.

Os microrganismos patogénicos e as substâncias tóxicas contidas nas águas residuais domésticas podem entrar no corpo humano através da água potável, dos alimentos e de outras vias, causando impactos na saúde humana. A exposição a longo prazo a estes poluentes pode aumentar o risco de cancro, doenças neurológicas, etc. Além disso, a deterioração da qualidade da água pode também afetar as actividades de lazer das pessoas, como a natação e a pesca, e reduzir a qualidade de vida.

A deterioração da qualidade da água pode também prejudicar o desenvolvimento económico de Xangai. Os sectores da aquacultura, do turismo e do imobiliário podem ser afectados pelos problemas de qualidade da água. Além disso, o tratamento da qualidade da água e dos problemas de saúde exige um investimento significativo de recursos económicos.

2.3 Poluição de origem superficial

A utilização excessiva de fertilizantes químicos, especialmente de fertilizantes azotados e fosfatados, é uma das principais causas de eutrofização das massas de água. Estes produtos químicos entram nas massas de água através do escoamento superficial durante a chuva ou a irrigação.

A utilização de pesticidas pode também contribuir para a poluição das massas de água, especialmente os poluentes orgânicos de difícil degradação e que podem entrar nos rios através da infiltração no solo ou do escoamento superficial.

O estrume e a urina das explorações pecuárias contêm elevadas concentrações de azoto, fósforo e outras m a t é r i a s orgânicas, que podem entrar nas massas de água através do escoamento superficial ou da infiltração subterrânea, se não forem devidamente tratados.

As práticas tradicionais de gestão agrícola, como a lavoura, a irrigação e a conceção do sistema de drenagem, podem não ser propícias ao controlo dos poluentes. Por exemplo, práticas de irrigação irracionais podem levar à perda de fertilizantes.

Os resíduos agrícolas, como os resíduos vegetais e as películas de plástico provenientes das terras agrícolas, também podem ser uma fonte de poluição se não forem tratados corretamente.

À medida que a urbanização avança, a área de terras agrícolas diminui, mas as terras agrícolas remanescentes podem utilizar mais fertilizantes e pesticidas devido à produção intensiva, aumentando o risco de poluição de origem facial.

2.4 Questões actuais de qualidade da água

Sendo o rio-mãe de Xangai, a melhoria da qualidade da água do rio Huangpu é o objetivo principal do trabalho de gestão da água. O Governo Municipal de Xangai formulou e implementou uma série de medidas de políticas e regulamentos de governação, incluindo o "14.º Plano Quinquenal para a Ecologia da Água em Xangai" e o "14.º Plano Quinquenal para a Governação do Sistema de Água em Xangai", com o objetivo de melhorar de forma abrangente o nível de controlo ecológico da água, reforçar a proteção das margens dos rios e lagos, otimizar a disposição das infra-estruturas de conservação da água e melhorar o aperfeiçoamento da gestão e conservação dos rios e lagos.

Otimizar a disposição das infra-estruturas de conservação da água e melhorar o grau de aperfeiçoamento da gestão e conservação dos rios e lagos.

Entretanto, o "Regulamento sobre a Gestão dos Recursos Hídricos em Xangai" clarifica a divisão de responsabilidades entre os diferentes departamentos administrativos na gestão dos recursos hídricos, a fim de assegurar a utilização racional e a proteção dos recursos hídricos.

Por e x e m p l o, desde 2017, o distrito de Yangpu tem vindo a realizar trabalhos de melhoramento do rio, melhorando efetivamente a qualidade da água da bacia do rio Huangpu através do controlo da fonte e da interceção da poluição, do desassoreamento do rio, da restauração ecológica e de outras medidas. Os dados de monitorização mostram que a qualidade da água de saída melhorou significativamente do nível passado de poluição pesada para um bom nível, e o principal poluente foi alterado de azoto amoniacal (NH$_3$ - N) para fósforo total (TP), o que mostra a melhoria da capacidade de auto-purificação do rio.

Os resultados do controlo da qualidade da água nos últimos anos mostraram que a qualidade da água na bacia do rio Huangpu tem continuado a melhorar. A qualidade da água durante a estação não inundável é geralmente melhor do que durante a estação inundável, que é influenciada por factores como a temperatura, a precipitação, a descarga fluvial da estação de bombagem e a descarga de esgotos. Especialmente após a implementação de medidas de formação fluvial e de restauração ecológica, a capacidade de auto-purificação e a qualidade do ecossistema aquático do rio Huangpu melhoraram significativamente, proporcionando uma garantia sólida de ambiente aquático para o desenvolvimento sustentável da cidade.

Parte II: Metodologia de investigação e recolha de dados

Capítulo 3: Conceção e metodologia da investigação

3.1 Contexto e objetivo do estudo

Sendo uma importante fonte de água e um rio paisagístico em Xangai, a qualidade da água do rio Huangpu está diretamente relacionada com a segurança da água potável dos cidadãos de Xangai e com o ambiente ecológico urbano. Por conseguinte, é de grande importância prática estudar a qualidade da água do rio Huangpu.

Este estudo visa compreender de forma abrangente o estado atual da qualidade da água do rio Huangpu, analisar as fontes de poluição e os factores que a influenciam e fornecer uma base científica para a melhoria e proteção da qualidade da água do rio Huangpu através de métodos científicos e meios técnicos.

3.2 Âmbito e grupo-alvo

O rio Huangpu, cujo curso superior se situa no sudoeste de Xangai, atravessa Qingpu, Songjiang, Fengxian, Minhang, Xuhui, Huangpu, Hongkou, Yangpu, Pudong New Area, Baoshan e outros distritos até Wusongkou, com um comprimento total de 113 4 quilómetros, e a corrente principal do rio Huangpu situa-se no sudoeste de Xangai.

Hongkou, Yangpu, Pudong New Area, Baoshan e outros distritos até Wusongkou com um comprimento total de 113,4 quilómetros, e a corrente principal do rio Huangpu de Mishidu a Wusongkou, e a corrente principal do rio Huangpu de Mishidu a Wusongkou. de Mishidu a Wusongkou tem 82,5 quilómetros de comprimento.

3.3 Metodologia da investigação

Este estudo adopta uma combinação de investigação no terreno, análise laboratorial e modelação matemática. O estado atual da qualidade da água do rio Huangpu é compreendido através de uma investigação no local, os indicadores de qualidade da água e os poluentes são determinados através de análises laboratoriais e as fontes de poluição e os factores de influência são analisados através de modelos matemáticos.

Capítulo 4: Técnicas e processos de recolha de dados

4.1 Técnicas de recolha de dados

Tecnologia de monitorização em linha: são instaladas estações de monitorização em linha em secções-chave do rio Huangpu para monitorizar em tempo real indicadores da qualidade da água, como o pH, o oxigénio dissolvido, o azoto amoniacal e o fósforo total. Tecnologia de deteção remota: Os satélites de teledeteção são utilizados para obter informações geográficas sobre a bacia do rio Huangpu, analisar os tipos de utilização dos solos e a cobertura vegetal na bacia e fornecer informações de base para estudos sobre a qualidade da água.

4.2 Processo de recolha de dados

Determinação dos pontos de amostragem: De acordo com a distribuição dos pontos de monitorização em linha na bacia do rio Huangpu, os pontos de amostragem são razoavelmente determinados.

Recolha de amostras de água: De acordo com os métodos e a frequência de amostragem prescritos, as amostras de água são recolhidas e devidamente conservadas para garantir que não são contaminadas durante o transporte e a conservação.

Análise laboratorial: As amostras de água recolhidas são enviadas para um laboratório para análise, a fim de determinar os indicadores de qualidade da água e os poluentes.

Recolha de dados: os dados obtidos a partir das análises laboratoriais serão recolhidos e será criada uma base de dados para facilitar a análise e o tratamento subsequentes dos dados.

Capítulo 5: Seleção de locais de amostragem e técnicas de monitorização

5.1 Princípios de seleção do local de amostragem

Representatividade: Os locais de amostragem devem ser seleccionados de modo a refletir as condições de qualidade da água em diferentes secções e profundidades do rio Huangpu.

Comparabilidade: Os pontos de amostragem seleccionados devem ser comparáveis para facilitar a análise e a comparação subsequentes dos dados.

Viabilidade: Os locais de amostragem devem ser seleccionados de modo a facilitar a instalação do equipamento de amostragem e monitorização.

5.2 Técnicas de controlo

Monitorização dos indicadores de qualidade da água: as amostras de água são testadas para vários indicadores, incluindo indicadores físicos (por exemplo, temperatura, cor, turbidez, etc.), indicadores químicos (por exemplo, pH, oxigénio dissolvido, azoto amoniacal, fósforo total, etc.) e indicadores biológicos (por exemplo, contagens totais de bactérias, bactérias coliformes, etc.).

Monitorização em linha: são instaladas estações de monitorização em linha em secções-chave dos rios para acompanhar em tempo real as alterações dos indicadores de qualidade da água e dos poluentes.

Parte III: Análise aprofundada dos dados relativos à qualidade da água

Capítulo 6: Análise aprofundada dos indicadores de qualidade da água

6.1 Definição e classificação dos indicadores de qualidade da água

Os indicadores de qualidade da água são parâmetros utilizados para descrever a qualidade da água, geralmente através do tipo, composição e quantidade de impurezas na água. Os indicadores de qualidade da água são geralmente categorizados nos seguintes grupos, dependendo do que está a ser monitorizado:

Indicadores físicos: Estes indicadores descrevem as propriedades físicas da água, incluindo a temperatura, a cor, a turvação, etc. A temperatura afecta as propriedades físicas da água, a solubilidade das substâncias e as reacções físico-químicas na água. A cor e a turvação reflectem a quantidade e o tipo de impurezas na água e estão relacionadas com a clareza e a transparência da água.

Indicadores químicos: Os indicadores químicos descrevem a quantidade e a natureza das substâncias químicas presentes na água, tais como o pH, o oxigénio dissolvido, o teor de metais pesados, etc. O pH é uma medida importante da acidez ou alcalinidade da água e tem um impacto significativo na sobrevivência dos organismos na água e no sabor da água. O oxigénio dissolvido é uma substância essencial para a sobrevivência e a respiração dos organismos na água. O teor de metais pesados, por outro lado, reflecte o grau de contaminação da massa de água, e exceder o limite de segurança pode ser perigoso para a saúde humana.

Indicadores biológicos: Os indicadores biológicos avaliam a qualidade da água através da deteção da estrutura e do número de comunidades biológicas na água, como as contagens totais de bactérias e coliformes. Estes indicadores podem refletir o estado de poluição e o estado higiénico da massa de água.

6.2 Métodos e técnicas de medição

Os métodos e técnicas de medição dos indicadores de qualidade da água incluem medições no terreno e análises laboratoriais.

Medições in-situ: Para alguns indicadores físicos, como a temperatura e a turbidez, podem ser efectuadas medições rápidas in-situ utilizando instrumentos portáteis. Estes instrumentos caracterizam-se frequentemente pela sua facilidade de utilização e rapidez de resposta.

Análises laboratoriais: Para os indicadores químicos e biológicos, é necessária uma análise laboratorial. A análise laboratorial inclui normalmente etapas como a recolha de amostras, o pré-tratamento, a análise instrumental e o processamento de dados. Os métodos analíticos habitualmente utilizados incluem métodos químicos, electroquímicos, espectroscópicos e cromatográficos. O equipamento e os reagentes necessários incluem balança analítica, medidor de pH, medidor de oxigénio dissolvido, cromatografia líquida de alta eficiência, etc.

6.3 Importância dos indicadores de qualidade da água

Os indicadores de qualidade da água têm aplicações importantes na avaliação da qualidade da água, na monitorização da poluição e na proteção das fontes de água.

Avaliação da qualidade da água: O teste dos indicadores de qualidade da água permite avaliar a adequação das massas de água para consumo, agricultura e indústria. O conhecimento do nível de contaminação e das condições de higiene de uma massa de água pode ajudar a determinar a necessidade de tratamento e purificação.

Monitorização da poluição: os indicadores de qualidade da água podem ser utilizados como base para a monitorização da poluição, através de testes regulares dos indicadores de qualidade da água, os problemas de poluição e os riscos potenciais das massas de água podem ser detectados prontamente, para fornecer uma base científica para o controlo e gestão da poluição. Proteção das fontes de água: Os indicadores de qualidade da água são importantes para a proteção das fontes de água. Através da monitorização dos indicadores de qualidade da água, é possível avaliar o estado de poluição e a saúde ecológica das fontes de água, fornecendo apoio à decisão para a proteção da água.

6.4 Análise exaustiva dos indicadores de qualidade da água

Ao avaliar as condições de qualidade da água, é frequentemente necessário analisar uma combinação de indicadores de qualidade da água. Por exemplo, ao avaliar a qualidade da água potável, é necessário considerar simultaneamente indicadores físicos (por exemplo, cor e turvação), químicos (por exemplo, pH e teor de metais pesados) e biológicos (por exemplo, contagens totais de bactérias e coliformes). Ao analisar vários indicadores em conjunto, é possível obter uma compreensão mais abrangente do estado de poluição e dos riscos para a saúde de uma massa de água e desenvolver medidas adequadas de gestão e proteção. Em aplicações práticas, podem ser utilizados estudos de caso ou investigação empírica para demonstrar como os múltiplos indicadores de qualidade da água podem ser sintetizados para avaliar as condições de qualidade da água e identificar possíveis problemas e riscos de poluição.

Capítulo 7: Ligação das fontes de poluição aos indicadores de qualidade da água

7.1 Classificação das fontes de poluição e do seu impacto na qualidade da água

As fontes de poluição são fontes de substâncias, energia ou outros factores que contribuem, direta ou indiretamente, para a deterioração da qualidade ambiental. Podem ser classificadas em dois grupos principais: fontes de poluição naturais e artificiais. As fontes naturais de poluição, como as erupções vulcânicas e as tempestades de areia, têm impactos relativamente pequenos e são difíceis de controlar. As fontes antropogénicas, por outro lado, são geradas por actividades humanas e têm um impacto mais significativo na qualidade da água.

Poluição de fonte pontual: A poluição pontual refere-se à localização das emissões de poluentes relativamente concentradas e identificáveis, tais como as descargas de águas residuais das fábricas, as chaminés, etc. A poluição pontual é caracterizada por um local de descarga concentrado, uma elevada concentração de poluentes e um único tipo de poluente que é fácil de monitorizar e tratar. A poluição pontual comum inclui descargas de águas residuais industriais, descargas de esgotos municipais, etc., que podem conduzir diretamente a alterações nos indicadores de qualidade da água, tais como uma diminuição do oxigénio dissolvido, uma alteração do pH e um excesso de metais pesados na massa de água.

Poluição de fonte não pontual: A poluição de origem não pontual refere-se a poluentes provenientes de vários pontos ou fontes superficiais, o que dificulta a delimitação da fonte específica de poluição. Este tipo de poluição tem frequentemente origem em actividades agrícolas, escoamento de águas pluviais urbanas, etc. A poluição de origem não pontual caracteriza-se pela dificuldade de identificar a localização da descarga, por uma grande variedade de poluentes, por baixas concentrações de poluentes e por uma maior dificuldade de tratamento. Pode levar a alterações nos indicadores de qualidade da água, como concentrações elevadas de sais nutrientes e resíduos de pesticidas nas massas de água.

7.2 Indicadores da qualidade da água e suas ligações às fontes de poluição

Os indicadores de qualidade da água são medidas específicas para avaliar o grau de poluição da água, incluindo indicadores físicos, químicos e biológicos.

Existe uma estreita correlação entre estes indicadores e as fontes de poluição.

Indicadores físicos: Os indicadores físicos, como a temperatura, a cor, a turvação, etc., reflectem as propriedades físicas básicas da massa de água. Estes indicadores podem alterar-se quando uma massa de água está poluída. Por e x e m p l o, as descargas de águas residuais industriais podem aumentar a temperatura de uma m a s s a d e água; o escoamento agrícola pode aumentar a turvação de uma massa de água.

Indicadores químicos: Os indicadores químicos, como o pH, o oxigénio dissolvido, o teor em metais pesados, etc., reflectem diretamente o grau de poluição de uma massa de água. Tanto a poluição de origem pontual como a de origem não pontual podem provocar alterações nestes indicadores. Por e x e m p l o, as descargas de águas residuais industriais podem conduzir a valores de pH mais baixos ou mais elevados nas m a s s a s de água; as actividades agrícolas podem conduzir a concentrações mais elevadas de sais nutrientes, como o azoto e o fósforo, nas massas de água; e as descargas de metais pesados podem conduzir a um teor excessivo de metais pesados nas massas de água.

Indicadores biológicos: Os indicadores biológicos, como a contagem total de bactérias e coliformes, reflectem o estado higiénico da m a s s a de água. Estes indicadores biológicos podem aumentar significativamente quando a massa de água está poluída. Isto deve-se ao facto de os poluentes fornecerem nutrientes ricos aos microrganismos e promoverem a sua reprodução.

Capítulo 8: Visualização de dados: Gráficos e mapas

A visualização de dados é o processo de transformação de dados em formas visuais, como gráficos, imagens ou animações, com a ajuda de um modelo de dados para compreender e analisar os dados de forma mais intuitiva. As técnicas de visualização de dados são amplamente utilizadas em domínios como as ciências ambientais, a gestão de recursos hídricos e a monitorização da qualidade da água para ajudar os investigadores, os decisores políticos e os gestores a captar rapidamente informações e tendências importantes nos dados.

A análise de componentes principais/análise fatorial (PCA/FA) são métodos matemáticos e estatísticos tradicionais. A PCA/FA transforma linearmente as variáveis utilizando a transformação ortogonal. Estas técnicas têm uma eficácia comprovada na identificação qualitativa das fontes de poluição. No entanto, não podem determinar com exatidão as contribuições exactas das fontes. Estas técnicas têm uma eficácia comprovada na identificação qualitativa das fontes de poluição. No entanto, não podem determinar com exatidão as contribuições exactas das fontes. A factorização de matriz positiva (PMF), o balanço de massa química, o Unmix, a regressão linear múltipla com pontuação de componentes principais (APCS-MLR) e os modelos inversos óptimos globais são modelos que utilizam métodos estatísticos e algoritmos matemáticos para estimar a contribuição das fontes. algoritmos matemáticos para estimar as contribuições de diferentes fontes de poluentes e fornecer informações valiosas sobre as fontes de poluição em Os modelos APCS-MLR têm sido normalmente utilizados para quantificar as fontes de poluição em diferentes massas de água, tais como lagos, rios, águas costeiras e águas subterrâneas. Os modelos APCS-MLR têm sido habitualmente utilizados para quantificar as fontes de poluição em diferentes massas de água, tais como lagos, rios, águas costeiras e águas subterrâneas.

Parte IV: Estudos de casos

**Capítulo 8: Um estudo de caso sobre a poluição na bacia do rio
Huangpu**

8.1 Problema do odor negro da ribeira de Suzhou Contexto histórico

O riacho Suzhou costumava ser negro e malcheiroso devido à grande quantidade de esgotos não tratados e de águas residuais industriais nele descarregadas. Na década de 1970, quase todo o riacho Suzhou, em Xangai, estava poluído e a secção urbana do rio era negra e malcheirosa durante todo o ano, com peixes e camarões extintos.

Grau de contaminação:

Quando a poluição estava no seu pior, a secção do centro da cidade do riacho de Suzhou era negra e malcheirosa durante todo o ano, com lixo a flutuar à superfície, a água era cor de asfalto e o fedor podia ser sentido a vários quilómetros de distância, tendo sido descrito como "tão negro como tinta e tão malcheiroso como estrume".

Meios técnicos:

Foram efectuadas várias fases de obras de recuperação ambiental abrangentes, incluindo o tratamento global da poluição de fontes pontuais e superficiais, a modernização das estações de tratamento de águas residuais, o tratamento da retenção e tratamento inicial das águas pluviais e a modernização da mistura de águas pluviais e de esgotos.

Adoção de técnicas de restauração ecológica, tais como oxigenação artificial, zonas húmidas artificiais, ilhas flutuantes ecológicas e configuração de plantas aquáticas para melhorar a qualidade da água e restaurar gradualmente os ecossistemas fluviais.

Foi implementado um modelo de ecrã de purificação da água para permitir ao público visualizar todo o processo de purificação da água.

Entradas financeiras:

Desde a década de 1990, Xangai investiu mais de 14 mil milhões de yuan no projeto global de melhoria ambiental do riacho de Suzhou, prevendo-se que a quarta fase do projeto atinja os 25,4 mil milhões de yuan.

Desde 1995, a capacidade de tratamento das águas residuais urbanas de Xangai aumentou significativamente, com a capacidade das estações de tratamento de águas residuais a atingir 8 573 000 metros cúbicos por dia, dos quais a capacidade da estação de tratamento de águas residuais de Bailonggang atingiu 2 100 000 metros cúbicos por dia, o que a torna a maior

23

estação de tratamento de águas residuais da Ásia.

Medidas políticas:

O Governo Municipal de Xangai formulou as Medidas para a Gestão da Melhoria Ambiental Global da Ribeira de Suzhou em Xangai, que estipula a gestão das actividades ribeirinhas e a gestão das descargas poluentes no âmbito da melhoria.

Foi implementada uma recuperação ambiental abrangente da zona das "Cinco Violações e Quatro Necessidades", e a área terrestre de ambos os lados do rio foi remodelada e melhorada para melhorar a qualidade ambiental global da zona.

Promover a construção de uma cidade-esponja, reforçar o controlo do escoamento das águas pluviais a partir da fonte, em combinação com a construção de uma cidade-esponja na nova zona de Lingang, promover o trabalho-piloto da cidade-esponja. Resultados em termos de governação: A qualidade da água do rio Suzhou melhorou significativamente, passando de um rio negro e malcheiroso a uma rota turística, a qualidade da água convergiu com a qualidade da água da secção ZhaoTun na fronteira provincial entre Xangai e Suzhou e o oxigénio dissolvido tem vindo a aumentar gradualmente.

O ecossistema foi significativamente melhorado com um aumento do número de espécies de peixes, e espécies tolerantes à incrustação, como a carpa cruciana, puderam distribuir-se por todo o rio.

8.2 Incidente dos porcos mortos a flutuar no rio Huangpu (2013)
Visão geral do incidente

Em março de 2013, apareceu um grande número de porcos mortos a boiar nas águas da secção Songjiang do rio Huangpu, em Xangai. Até 20 de março, foi recuperado um total acumulado de 10.395 porcos mortos a flutuar nas águas dos distritos relevantes de Xangai.

Origem dos porcos mortos:

Os porcos mortos eram originários da zona a montante de Xangai, especialmente da zona de Jiaxing, na província de Zhejiang.

Foi inicialmente determinado que os suínos mortos provinham principalmente da zona de Jiaxing, na província de Zhejiang, onde um grande número de suínos da região foi transferido para Jiaxing.

Análise da causa:

As mortes de suínos a nível local devem-se principalmente a duas razões: Em primeiro lugar, a capacidade local de criação de suínos, a elevada proporção de suínos criados ao ar livre, a eliminação de um número relativamente elevado de mortes normais de suínos; em segundo lugar, no inverno e na primavera passados, a chuva, a neve e o tempo frio locais, as alterações de temperatura, o declínio da resistência dos leitões, a infeção por circovírus e a diarreia e outras doenças comuns causadas por uma mortalidade superior à dos anos anteriores.

Riscos ambientais e para a saúde:

O incidente suscitou preocupações na opinião pública relativamente à qualidade e segurança da água, uma vez que o rio Huangpu é uma importante fonte de água para Xangai.

O departamento de proteção ambiental e o departamento de recursos hídricos de Xangai reforçaram o acompanhamento e a monitorização das águas de entrada e de saída das estações de tratamento de água relevantes para garantir a segurança da qualidade da água.

Medidas de resposta e tratamento de emergência:

O Governo Municipal de Xangai tomou uma série de medidas, incluindo esforços de limpeza e salvamento de porcos mortos flutuantes e um controlo reforçado da qualidade da água.

Todos os suínos mortos recuperados foram submetidos a um tratamento ambientalmente correto, como a incineração.

Estratégias de sobrevivência a longo prazo:

O Governo Municipal de Xangai anunciou uma série de medidas a longo prazo, incluindo a intensificação da monitorização e dos trabalhos de salvamento nas águas fronteiriças interprovinciais, a continuação do reforço dos testes de qualidade da água, a eliminação rigorosa e inofensiva de animais e aves de capoeira doentes e mortos, o reforço da monitorização ambiental e a prevenção da entrada no mercado de produtos de carne de qualidade inferior.

Ao mesmo tempo, Xangai tomará a iniciativa de fazer um bom trabalho de comunicação de informações com as províncias e regiões vizinhas, reforçará a colaboração regional interprovincial em matéria de prevenção e controlo conjuntos e melhorará ainda mais o mecanismo de gestão a longo prazo.

8.3 Poluição da água do rio Huangpu a partir de fontes superficiais

Controlo da poluição das fontes de água na parte superior do rio Huangpu:

O rio Huangpu superior é uma das quatro principais fontes de água potável em Xangai, com cerca de 30% do abastecimento de água bruta da cidade.

A qualidade da água continua a deteriorar-se devido à elevada densidade populacional e à produção industrial, com o impacto das descargas de poluentes locais a representar cerca de 20% do total, enquanto o impacto das descargas de poluentes das províncias de Jiangsu e Zhejiang representa cerca de 80% ou mais.

Caso de demonstração de sub-bacias hidrográficas ecologicamente limpas no município de Zhuangxing:

A cidade de Zhuangxing implementou projectos como a formação fluvial, a melhoria da qualidade da água e a recuperação do leito do rio, promovendo técnicas de produção ecológicas e com baixo teor de carbono, reduzindo a utilização de fertilizantes químicos e pesticidas e concretizando a redução da poluição da superfície agrícola. Através da transferência de terras, a formação de terras agrícolas básicas centralizadas e contínuas, promovendo projectos municipais de melhoramento de terras, para criar um complexo de campos.

Investigação de contramedidas para o controlo da poluição das fontes de superfície agrícola na zona de proteção dos recursos hídricos do rio Huangpu:

O estudo analisou as causas e as fontes de poluição agrícola de superfície na zona de proteção das fontes de água do rio Huangpu e propôs contramedidas de controlo que combinam regulamentação técnica e regulamentação política.

Capítulo 9: Análise de dados específicos de cada caso

9.1 Locais de amostragem e monitorização em linha

O departamento local de gestão dos recursos hídricos planeou desenvolver o rio Huangpu (a secção de amostragem do rio mostrada na Fig. 1) nos próximos anos para melhor apoiar o desenvolvimento da área funcional. Foram apresentadas quatro secções de amostragem, como se segue: "1" representa Di`anfeng Quatro secções de amostragem foram apresentadas da s e g u i n t e  forma: "1" representa Di`anfeng, "2" representa Linjiang, "3" representa a fronteira oeste de Minhang (ponte Songpu), "4" representa Wusongkou.

O estudo utilizou dados de qualidade da água de estações de controlo nacionais de monitorização em linha de janeiro a dezembro de 2021 de Wusongkou para investigar as características variáveis intra-anuais da qualidade da água do rio Huangpu. Uma vez que Wusongkou é a saída a jusante do rio Huangpu, e porque a área de captação abrange toda a bacia, pode representar as características da massa de água como um todo e servir de base para determinar as conclusões dos componentes primários no estudo das fontes de poluição que se segue.

Como o surto de COVID-19 resultou no controlo do encerramento de Xangai, o estudo não incluiu dados de 2022. As fontes de poluição do rio Huangpu serão investigadas utilizando um total de 60 pontos de dados médios de qualidade da água em linha, abrangendo o primeiro, segundo e terceiro 10 dias de cada mês, de janeiro a maio de 2023. A informação sobre a qualidade da água foi obtida a partir do sítio Web nacional de monitorização.

Os parâmetros de qualidade da água para investigação neste estudo incluíram a condutividade eléctrica (CE), o oxigénio dissolvido (OD), a temperatura da água (TA), a turvação (NTU), o pH, o índice de permanganato (CQO_{Mn}), o azoto amoniacal (NH_3^+ -N), o azoto total (TN) e o fósforo total (TP).

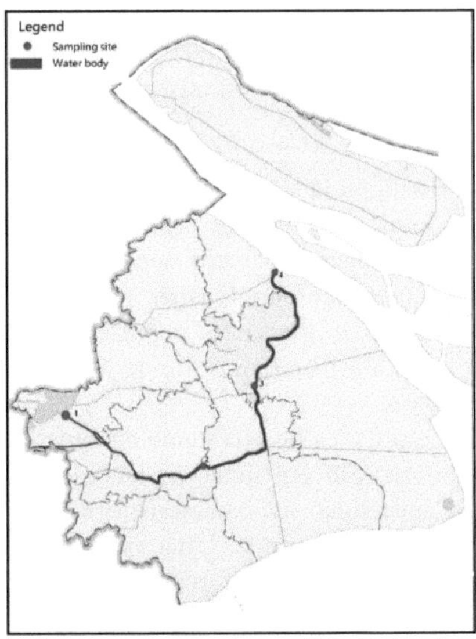

Fig.1 Mapa dos locais de amostragem da qualidade das águas superficiais
no rio Huangpu de Xangai, China

9.2 Modelo PCA-APCS-MLR

O APCS-MLR é um modelo recetor que integra os dois métodos
estatísticos de APCS e MLR. Este modelo é sugerido para quantificar a
contribuição das fontes de poluição para os parâmetros de qualidade da água
nas bacias com base no modelo PCA. A ideia central da PCA é a redução da
dimensionalidade, que reduz um grande número de indicadores a um
pequeno número de indicadores para representar a maioria dos materiais
originais. A fim de identificar os factores potenciais que afectam a qualidade
da água, a PCA foi utilizada para analisar cada grupo de dados que a CA
tinha indicado. Ao calcular a covariância e os componentes principais de
separação (PC), uma combinação linear de vectores próprios e variáveis
originais, a ACP pode avaliar o grau de dispersão dos dados relativos à
qualidade da água. Estreitamente relacionada com a ACP, a análise fatorial
(AF) pode ser aplicada de várias formas para polarizar as cargas das variáveis
originais e obter novos factores, designados varifactores (VF), que explicam
mais eficazmente a informação potencial contida nas variáveis originais.

Antes de efetuar a ACP, os dados devem ser examinados quanto à sua
adequação à distribuição log-normal utilizando a estatística Kolmogorov-
Smirnov (K-S). Todas as variáveis preparadas para a ACP tinham
distribuições log-normais com níveis de confiança superiores ou iguais a

28

95%, de acordo com as estatísticas K-S. Para determinar se os dados deste estudo eram adequados para a ACP, foram efectuadas análises estatísticas Kaiser-Meyer-Olkin (KMO) e o teste de esfericidade de Bartlett. As cargas absolutas dos factores [0,30-0,50], [0,50-0,75] e > 0,75 foram consideradas cargas fracas, moderadas e fortes, respetivamente. Quanto maior o valor absoluto da carga, mais forte é a correlação entre os parâmetros de qualidade da água e os componentes principais, e os sinais positivos e negativos indicam a correlação positiva e negativa entre eles.

(1) Análise de componentes principais

Os PCs são expressos da seguinte forma:

$$Z_{ij} = a_{i1}x_{1j} + a_{i2}x_{2j} + \cdots + a_{in}x_{nj}$$

em que Z é a pontuação do componente; a é a carga do componente; x é o valor medido da variável; i é o número do componente; j é o número da amostra; e n é o número total de variáveis.

(2) Pontuação absoluta das componentes principais - regressão linear múltipla (APCS-MLR)

As pontuações das componentes principais (PCS) calculadas pela PCA foram convertidas em pontuações absolutas das componentes principais (APCS); em seguida, as contribuições das fontes para as concentrações de poluentes $\bar{C}_i$ poluentes podem ser calculadas utilizando a regressão linear múltipla (MLR):

$$\bar{C}_i = r_{0i} + \sum_{j=1}^{n} r_{ji}A_{ji}$$

em que r_{0i} é o termo constante da regressão múltipla para o poluente i, o que significa que a contribuição do poluente i a partir das fontes não pode ser explicada por PCs derivados da PCA, r_{ji} é o coeficiente de regressão da fonte j para o parâmetro i e $r\,A_{jiji}$ é a contribuição da fonte j para o parâmetro i. O valor médio de $r\,A_{jiji}$ para todas as amostras representa a contribuição média da fonte j.

Embora as fontes representadas pelo modelo APCS-MLR possam ter uma influência negativa nos indicadores de qualidade da água, os modelos Unmix e PMF da Agência de Proteção Ambiental (EPA) com restrições não negativas podem causar perplexidade quando mostram contribuições de várias fontes. As contribuições negativas podem ser transformadas em positivas das seguintes formas para ajudar na avaliação quantitativa das contribuições das fontes:

$$R_j = \frac{|S_j|}{|S_1| + |S_2| + |S_3| + \cdots + |S_n|} \times 100\%$$

em que R_j é o rácio de contribuição da fonte j; e S_1, S_2, S_3, e S_n são as contribuições da primeira, segunda, terceira e n fontes, respetivamente.

9.3 Resultados e discussão

1. Variações temporais e espaciais da qualidade da água

Globalmente, NH_3 -N, TN e TP são indicadores significativos de eutrofização, COD_{Mn} é um dos principais indicadores de poluição orgânica nas massas de água, DO é essencial para a vida aquática e é reconhecido como um marcador fundamental da qualidade da água, e NTU, EC e pH são índices físico-químicos significativos. As estatísticas básicas das variáveis físico-químicas da qualidade da água no rio Huangpu dos quatro locais de amostragem durante 5 meses são apresentadas no Quadro 1. Em geral, o TN tinha níveis relativamente elevados em comparação com a Norma Nacional de Qualidade da Água de Superfície da China (GB3838-2002), pior do que o Grau V, as concentrações médias de COD_{Mn} , NH_3 -N, TP eram de Grau II da norma, e DO era de Grau I. Apenas a concentração de TN era muito pobre, indicando que a poluição agrícola de fonte não pontual é provavelmente a principal causa de poluição neste rio.

Quadro 1 Descrições estatísticas da qualidade da água do rio Huangpu (média aritmética [Mean], desvio padrão [SD], coeficiente de variação [CV] e grau de qualidade da água [grade])

Parâmetros	Média	SD	CV	Grau
WT（°C）	14.71	5.04	0.34	-
pH	7.77	0.50	0.06	
DO	8.46	1.59	0.19	I
CE/(µS/cm)	623.35	71.36	0.11	-
NTU	96.34	69.27	0.72	-
CQO_{Mn} /(mg/L)	3.92	1.72	0.44	II
NH_3 -N/(mg/L)	0.26	0.18	0.69	II
TP/(mg/L)	0.10	0.04	0.43	II
TN/(mg/L)	3.34	1.49	0.45	pior do que V

Conforme apresentado na Fig.2, o TN foi a espécie mais poluída em cada mês. As concentrações médias de TN variaram entre 1,75 e 4,66 mg/L em 12 meses, a concentração média de TN foi de 2,61 mg/L, excedendo o grau V da norma nacional de qualidade das águas de superfície da China (GB3838-2002). A média mais elevada de TN (4,17 mg/L) registou-se de janeiro a março. A concentração de TN flutuou muito nos primeiros três meses, diminuiu gradualmente a partir de abril e aumentou de julho a setembro.

As concentrações de TP foram basicamente estáveis ao longo do ano, com exceção de setembro que atingiu o valor mais elevado de 0,25 mg/L, a concentração média de TP foi de 0,15 mg/L dentro do grau III da norma de qualidade da água.

As concentrações médias de CQO$_{Mn}$ e NH$_3$ -N cumpriram o grau II da norma de qualidade da água (3,38 mg/L e 0,23 mg/L). As concentrações médias de CQO $_{Mn}$ durante os meses de agosto a outubro (agosto 4,05 mg/L, setembro 3,70 mg/L, outubro 4,15 mg/L) foram ligeiramente superiores às dos outros meses, enquanto as concentrações médias de NH$_3$ -N durante os meses de setembro (0,07 mg/L) e outubro (0,09 mg/L) foram inferiores. No entanto, é de notar que NH$_3$ -N em alguns meses está muito próximo do grau I das normas (0,15 mg/L).

Ao longo do ano, as concentrações médias de COD$_{Mn}$ e TP da água de Wusongkou não sofreram grandes flutuações, enquanto as concentrações médias de NH$_3$ -N e TN sofreram grandes flutuações de janeiro a março.

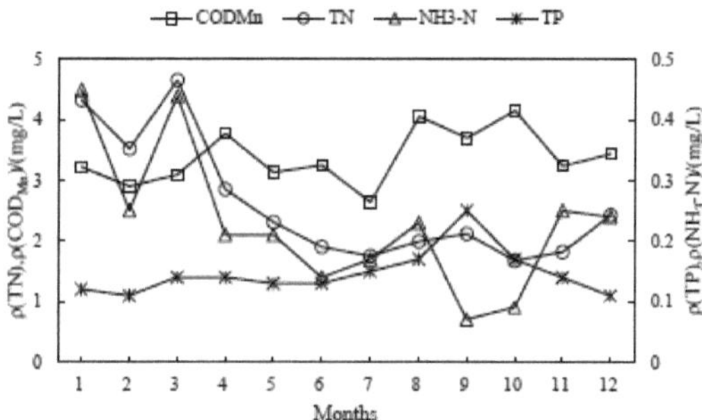

Fig.2 Características temporais da qualidade da água em Wusongkou (local de amostragem "4") de janeiro a dezembro de 2021

2. Modelo PCA-APCS-MLR

O número de amostras de dados neste estudo recomenda que o grau de liberdade do conjunto de dados seja superior a 50, a fim de obter um resultado fiável da ACP/FA. O valor de p de Bartlett para a esfericidade foi de 0,000 e o valor de KMO foi de 0,629, mostrando ambos que havia correlações significativas entre os parâmetros de entrada. Por conseguinte, a identificação da fonte neste inquérito foi possível utilizando a PCA/FA. Os primeiros cinco VFs foram obtidos de acordo com os critérios de Kaiser (valor próprio superior a 1) e representaram 86,2% da variância total.

A Fig. 3 mostra as cargas de cada parâmetro nas cinco VFs. A primeira FV (FV1) apresentou cargas positivas fortes (> 0,750, 0,863) no OD, cargas positivas moderadas no NH$_3$ -N (> 0,50, 0,625), e uma carga negativa forte no TP (<-0,750, -0,958), representando 31,6% da variância total. O DO é determinado pelo WT, a concentração de NH$_3$ -N é afetada pelo WT. De facto, a reação de nitrificação acelera o consumo de azoto amoniacal quando a temperatura aumenta, o que leva a uma diminuição da concentração de NH$_3$

-N no meio aquático. Assim, a VF1 pode representar fontes meteorológicas.

A segunda VF (VF2), que ocupou 25,9% da variância total, apresentou uma carga positiva forte sobre o NTU (0,775), uma carga negativa forte sobre o pH (-0,858) e uma carga positiva moderada sobre o TP (0,648) e o NH_3 -N (0,500). O pH é afetado pela temperatura da água, pela concentração de iões, pelas actividades dos organismos aquáticos e pela pressão parcial do dióxido de carbono atmosférico. O NTU é calculado pelas substâncias insolúveis dos sedimentos, das algas planctónicas, da matéria corrosiva e das partículas coloidais em suspensão na água. Devido à descarga de esgotos domésticos e à sua riqueza em fósforo e azoto na massa de água, o que afectará o NTU e o pH da massa de água, o VF2 poderá refletir a influência dos esgotos industriais.

A terceira VF (VF3) representou 11,4% da variância total e mostrou uma forte carga positiva sobre TN (0,883), uma carga positiva moderada sobre TP (0,614). TN e TP parecem ser principalmente mais afetados pela aplicação de estrume e fertilizantes químicos do que por esgotos domésticos e industriais. De acordo com Wang et al. (2019) e Xiao et al. (2019), a VF3 poderia refletir a influência das atividades, como a aplicação de fertilizantes nas atividades agrícolas.

A quarta FV (FV4) explicou 9,9% da variância total e apresentou uma forte carga positiva sobre a CE (0,923). A água contém uma variedade de sais dissolvidos, presentes sob a forma de iões. A CE é utilizada para prever a concentração total de iões ou o teor de sal na água (Cheng et al., 2020). Este resultado indica que a FV4 estava principalmente relacionada com iões de sal na água, podendo ser atribuída a fontes naturais de grupos iónicos provenientes do influxo do rio. Assim, a FV4 pode representar fontes ambientais naturais. O quinto fator de variação (FV5) explicou 7,5% da variância total e apresentou uma carga positiva forte na CQO_{Mn} (0,979), e nenhum outro fator tem uma relação forte ou moderada com o FV5, pelo que este resultado indica que o FV5 está principalmente relacionado com as águas residuais domésticas.

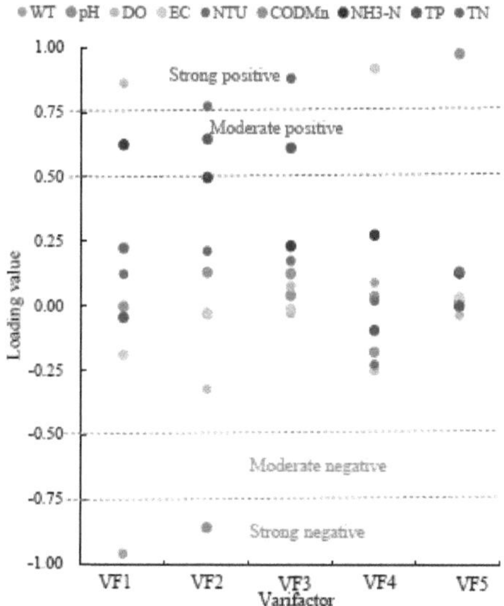

Fig.3 Cargas de componentes para 9 variáveis após rotação varimax

O modelo APCS-MLR foi utilizado para determinar o rácio de contribuição de cada fonte e quantificar a sua contribuição para cada indicador de qualidade da água, com base nos resultados da identificação das fontes utilizando PCA/FA. De acordo com a Figura 4, o coeficiente de determinação (R^2) entre os parâmetros observados e os previstos variou entre 0,79 e 0,99, com um valor médio de 0,87, demonstrando um ajuste satisfatório entre os dois valores. O modelo APCS-MLR pode, por conseguinte, estimar com exatidão a repartição das fontes. De acordo com a Fig. 5(a), o processo meteorológico (VF1) teve uma influência significativa no OD, NH_3 -N e WT, com rácios de contribuição elevados para o OD (81,9%), NH_3 -N (40,2%) e WT (39,9%). A maior contribuição para o NTU (30,2%) e o TP (27,4%) provém das águas residuais industriais (VF2). Os rácios de contribuição da aplicação de actividades agrícolas (VF3) para TP, TN e CQO_{Mn} foram de 51,6%, 37,8% e 14,5%, respetivamente. A CE (10,6%) e o NTU (8,7%) foram causados principalmente por fontes ambientais naturais (VF4) na água. Os esgotos domésticos (VF5) representaram 30,9% da contribuição da CQO_{Mn} .

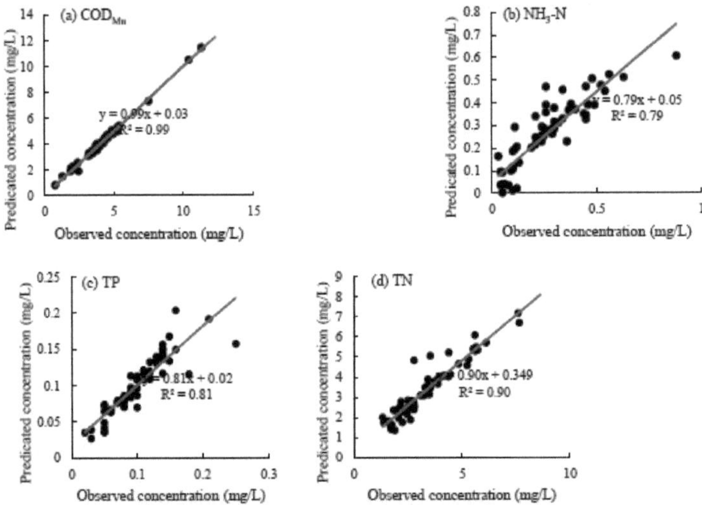

Fig. 4 Gráficos de dispersão das concentrações observadas e previstas pelo APCS-MLR dos parâmetros de qualidade da água

Em termos globais, as contribuições médias destas fontes apresentavam a seguinte ordem decrescente: o processo meteorológico (VF1) (26%) > actividades agrícolas (VF3) (14%) > esgotos industriais (VF2) (10%) > fontes ambientais naturais (VF4) (4%) = esgotos domésticos (VF5) (4%) (Fig. 5(b)).

Como os resultados indicam, o rio Huangpu apresentava várias fontes de poluição, nomeadamente meteorológicas, agrícolas, naturais e de esgotos. Na gestão a longo prazo, o ambiente ecológico do rio Huangpu foi melhorado e as fontes de poluição mudaram principalmente para processos meteorológicos, fontes industriais e actividades agrícolas. No entanto, as concentrações de alguns poluentes na zona continuam a ser elevadas e é necessário um tratamento adicional.

Por conseguinte, os governos locais devem tomar medidas para controlar as emissões poluentes da agricultura e da indústria para melhorar a qualidade da água dos rios no futuro.

9.4 Conclusões

Este estudo utilizou a PCA e a análise de correlação para extrair e identificar potenciais fontes de poluição no rio Huangpu em Xangai, China, e o modelo recetor APCS-MLR dividiu a sua contribuição para cada variável de qualidade. Globalmente, o TN foi o índice de poluição mais importante no rio, que excedeu a Classe V da Norma Nacional de Qualidade das Águas de Superfície da China (GB3838-2002). Os resultados mostraram que a PCA/FA identificou cinco factores responsáveis pela degradação da qualidade da água do rio, representando 86,2% da variação total. A contribuição média do processo climático, da atividade agrícola, das águas residuais industriais, das fontes ambientais naturais e das águas residuais domésticas foi de 26%, 14%, 10%, 4% e 4%, respetivamente. No rio Huangpu, as principais fontes de poluição passaram a ser os processos climáticos, as actividades agrícolas e as fontes industriais, o que indica que o ambiente ecológico da zona melhorou após a gestão e o controlo da poluição a longo prazo. Tendo em conta este facto, o estudo forneceu as seguintes recomendações para melhorar os sistemas de drenagem, reforçar os regulamentos relativos à criação de gado e reduzir a poluição agrícola na área de estudo.

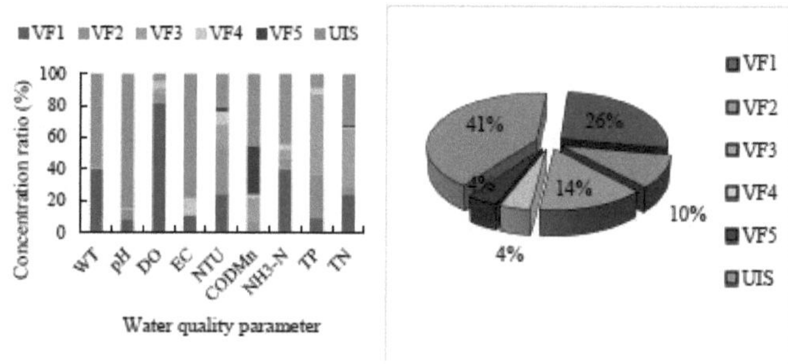

(a) Contributions of sources to each water quality parameters (b) Average contributions of pollution sources
Fig.5 Effects of pollution sources on river water pollution calculated with the APCS-MLR model

9.5 Limitações do presente estudo

Este estudo envolve certas incertezas, uma vez que os métodos, bem como os dados, são limitados. Dada a falta de dados sobre a qualidade da água, este estudo não fornece uma imagem clara das alterações na escala temporal das principais fontes de poluição. Quando estiver disponível mais informação, será necessária investigação adicional com base nos factores acima mencionados.

Capítulo 10: Perspectivas e conflitos das diferentes partes interessadas

10.1 Perspectivas das diferentes partes interessadas Perspetiva do Governo

O governo tem de encontrar um equilíbrio entre o desenvolvimento económico e a proteção do ambiente. As actividades comerciais e de navegação no rio Huangpu são vitais para a economia de Xangai, mas, ao mesmo tempo, o governo tem de garantir que a qualidade da água cumpre as normas nacionais para proteger a saúde pública e o ecossistema.

É provável que o governo reduza a poluição através de legislação, regulamentação e incentivos, apoiando simultaneamente a tecnologia verde e os programas de desenvolvimento sustentável.

Uma perspetiva de empresa industrial: As empresas industriais podem enfrentar a dupla pressão dos custos e da conformidade. Por um lado, têm de reduzir os custos de produção para se manterem competitivas; por outro lado, têm de cumprir a regulamentação ambiental para evitar coimas ou danos para a reputação devido à poluição. As empresas podem procurar reduzir a poluição através de inovações tecnológicas e de processos de produção melhorados, procurando simultaneamente obter benefícios fiscais ou outros incentivos do governo.

Perspetiva da organização ambiental:

As organizações ambientais defendem geralmente normas ambientais mais rigorosas e medidas mais agressivas de prevenção e controlo da poluição. Podem criticar determinados projectos industriais, exigir avaliações de impacto ambiental e promover a participação e o controlo do público.

As organizações ambientais podem trabalhar com os governos e as empresas para encontrar soluções, como a criação de instalações de tratamento de águas residuais e a promoção de uma economia circular e de energias limpas.

Perspetiva dos residentes locais:

Os residentes podem ser diretamente afectados pela poluição da água, incluindo problemas de saúde e redução da qualidade de vida. Podem pedir ao Governo que tome medidas mais firmes para melhorar a qualidade da água, como o reforço da regulamentação e a melhoria das instalações de tratamento de águas residuais. Os residentes podem manifestar as suas preocupações e necessidades através de organizações comunitárias, redes sociais e outros canais.

Perspectivas do turismo:

Os operadores turísticos reconhecem a importância da qualidade da água do rio Huangpu para a sua atividade. Podem apoiar medidas para melhorar a qualidade da água, como a promoção do ecoturismo e o apoio a actividades de limpeza do rio.

Os operadores turísticos podem trabalhar com o governo e as organizações ambientais para promover a imagem de Xangai como um destino turístico ecológico.

10.2 Conflito e coordenação

Os conflitos podem resultar de interesses e objectivos diferentes. Por exemplo, as empresas industriais podem opor-se a uma regulamentação ambiental demasiado rigorosa, enquanto as organizações ambientais e os residentes podem exigir controlos mais rigorosos da poluição.

Mecanismos de coordenação eficazes, tais como reuniões consultivas com vários intervenientes, avaliação do impacto ambiental, consulta pública, etc., podem ajudar todas as partes a encontrar um terreno comum para uma solução vantajosa para todos.

Análise de Pontos de Conflito:

Regulamentos e custos: As empresas industriais podem argumentar que regulamentos ambientais rigorosos aumentam os custos de produção e reduzem a competitividade, enquanto as organizações ambientais e os governos sublinham a necessidade de proteger o ambiente e a saúde pública.

Desenvolvimento económico e proteção do ambiente: Os governos têm de encontrar um equilíbrio entre a promoção do desenvolvimento económico e a proteção do ambiente. As actividades industriais e a expansão do transporte marítimo provocadas pelo desenvolvimento económico podem prejudicar a qualidade da água, enquanto as regulamentações ambientais podem limitar a expansão de certas actividades económicas.

Interesses públicos versus interesses comerciais: os residentes podem querer medidas governamentais mais fortes para melhorar a qualidade da água, enquanto as empresas industriais podem querer menos restrições às suas operações.

Regulamentação versus auto-regulamentação: As organizações ambientais tendem a apoiar uma regulamentação e aplicação rigorosas, enquanto as empresas industriais podem estar mais inclinadas a reduzir a poluição através da autorregulação e da inovação tecnológica.

Análise dos mecanismos de coordenação:

Reuniões consultivas de múltiplos interesses: Os governos podem organizar reuniões consultivas que envolvam empresas industriais, organizações ambientais, residentes e operadores turísticos para discutir e formular políticas ambientais aceitáveis para todas as partes.

Avaliação do Impacto Ambiental (EIA): Realiza EIAs abrangentes, transparentes e com participação pública de projectos industriais e de infra-estruturas de grande escala para garantir que o impacto ambiental dos projectos seja minimizado durante a construção e o funcionamento.

Incentivos e condicionalismos políticos: Os governos podem incentivar as empresas industriais a adoptarem tecnologias ecológicas e a melhorarem os processos de produção através de incentivos fiscais, empréstimos ecológicos e outros apoios financeiros, estabelecendo simultaneamente normas rigorosas de emissão de poluentes e um sistema de multas para limitar o comportamento poluente das empresas.

Participação e supervisão do público: O governo deve incentivar a participação do público em questões de proteção ambiental, como a criação de linhas directas de proteção ambiental e de uma plataforma de divulgação de informações sobre proteção ambiental, para que os residentes possam comunicar rapidamente os problemas ambientais. Ao mesmo tempo, a supervisão pelos meios de comunicação social e pela opinião pública pode também ter um certo efeito vinculativo sobre as empresas industriais.

Inovação tecnológica e cooperação: Os governos podem apoiar a cooperação tecnológica entre empresas industriais e organizações ambientais, universidades e institutos de investigação para desenvolver e promover conjuntamente tecnologias e soluções ambientais.

Turismo ecológico e educação ambiental: O governo pode apoiar os operadores turísticos a desenvolverem produtos de turismo ecológico e a realizarem actividades de educação ambiental em atracções turísticas para sensibilizar o público para a proteção do ambiente.

Capítulo 11: A importância da sensibilização e da participação do público

No processo de controlo da poluição da água, a importância da sensibilização e da participação do público não pode ser ignorada. medida que o problema da poluição dos recursos hídricos se torna cada vez mais grave, a preocupação e a participação do público são de grande importância para promover o processo de controlo da poluição da água, supervisionar o comportamento das empresas e promover a formação de um consenso sobre a proteção dos recursos hídricos em toda a sociedade.

11.1 O papel da sensibilização do público na promoção do controlo da poluição da água

Uma maior sensibilização do público significa que cada vez mais pessoas começam a reconhecer a urgência e a necessidade do controlo da poluição da água. Quando o público se aperceber do impacto da poluição da água no ambiente ecológico, na saúde humana e no desenvolvimento sustentável da sociedade, participará mais ativamente na ação de controlo da poluição da água. A participação generalizada do público pode não só fornecer apoio humano, material e financeiro para o controlo da poluição da água, mas também formar uma forte opinião social para promover o governo e as empresas a aumentarem os esforços de controlo da poluição da água.

I. **Papel da participação do público no controlo da poluição da água**

A participação e supervisão do público é uma garantia importante para assegurar que as medidas de controlo da poluição da água são efetivamente aplicadas. Através da supervisão pública, os problemas e as lacunas no processo de controlo da poluição da água, tais como descargas ilegais por parte das empresas e supervisão ineficaz por parte dos departamentos governamentais, podem ser descobertos prontamente, e os departamentos relevantes podem ser levados a fazer melhorias atempadas. Além disso, a participação do público pode também melhorar a transparência e a equidade do controlo da poluição da água e reduzir a ocorrência de procura de rendimentos e de corrupção.

II. **Participação do público para promover a sensibilização para a proteção dos recursos hídricos**

A participação generalizada do público pode também promover a sensibilização para a proteção dos recursos hídricos. Através da participação em actividades de controlo da poluição da água, o público pode adquirir uma compreensão mais profunda da preciosidade e vulnerabilidade dos recursos hídricos, prestando assim mais atenção à conservação da água e à redução da poluição da água na sua vida quotidiana. Esta maior sensibilização levará toda a sociedade a formar um consenso sobre a proteção dos recursos hídricos, dando um impulso sustentado ao controlo da poluição da água.

11.2 Como aumentar a sensibilização e a participação do público no controlo da poluição da água

Reforço da educação ambiental: O governo e as organizações sociais devem reforçar a educação ambiental do público, especialmente no que se refere ao controlo da poluição da água. Ao publicitar a preciosidade dos recursos hídricos, os perigos da poluição da água e a importância do controlo da poluição da água, a consciência e a participação do público na proteção ambiental devem ser aumentadas.

Realizar actividades de participação do público: O governo pode organizar várias formas de actividades de participação pública, tais como actividades de voluntariado de proteção ambiental e semanas de publicidade sobre o controlo da poluição da água, para incentivar o público a participar ativamente no controlo da poluição da água.

Estas actividades podem não só sensibilizar o público para a proteção do ambiente, mas também permitir que o público participe mais diretamente na ação de controlo da poluição da água.

Reforçar a publicidade nos meios de comunicação social: Os meios de comunicação social são um importante canal de divulgação de informações sobre a proteção do ambiente e devem reforçar a sua informação e publicidade sobre o tema do controlo da poluição da água.

Ao dar a conhecer os progressos, as realizações e os problemas do controlo da poluição da água, o público será sensibilizado para o controlo da poluição da água.

Criação de um mecanismo de participação do público: O governo deve criar um mecanismo de participação pública no controlo da poluição da água, como a criação de uma linha direta de proteção ambiental e de uma plataforma de divulgação de informações sobre a proteção ambiental, para que o público possa participar mais facilmente na supervisão e gestão do controlo da poluição da água.

Formulação de políticas de incentivo: O governo pode formular algumas políticas de incentivo, como a atribuição de determinadas recompensas ou concessões ao público que participa no controlo da poluição da água, para encorajar mais pessoas a participarem na ação de controlo da poluição da água.

Em suma, a sensibilização e a participação do público têm um papel importante na gestão da poluição da água. Só melhorando a sensibilização ambiental e a participação do público poderemos promover o processo de controlo da poluição da água, assegurar a utilização sustentável dos recursos hídricos e realizar a coexistência harmoniosa entre o homem e a natureza.

Parte VI: Política e prática

**Capítulo 12: Análise e avaliação das políticas de gestão da qualidade
da água**

12.1 Visão geral das políticas de gestão da qualidade da água

O Governo Municipal de Xangai formulou uma série de políticas para melhorar a qualidade da água do rio Huangpu. Essas políticas incluem principalmente o seguinte:

Controlo das descargas de águas residuais: Reforço da gestão das descargas de águas residuais industriais e domésticas, estabelecimento de normas rigorosas em matéria de descargas e repressão das descargas ilegais.

Proteção da ecologia da água: Reforçar a proteção dos ecossistemas aquáticos, restaurar e melhorar os ecossistemas aquáticos e melhorar a capacidade de auto-purificação das massas de água.

Proteção das fontes de água: delinear zonas de proteção das fontes de água, reforçar a proteção e a gestão das fontes de água e garantir a segurança da água potável.

Participação do público e publicidade: Reforçar a sensibilização do público para a proteção da qualidade da água, incentivar a participação do público na proteção da qualidade da água e aumentar o reconhecimento e a participação do público nas políticas de proteção da qualidade da água.

12.2 Análise das políticas e avaliação da eficácia da sua aplicação

Controlo das descargas de águas residuais: Através da aplicação de normas rigorosas de descarga e da repressão das descargas ilegais, as descargas de águas residuais industriais e de esgotos domésticos foram efetivamente controladas e a qualidade da água melhorou em certa medida.

Proteção do ecossistema aquático: Ao reforçar a proteção e a recuperação dos ecossistemas aquáticos, a capacidade de auto-purificação das massas de água foi reforçada e o ecossistema aquático melhorado.

Proteção das fontes de água: A segurança da água potável foi garantida através da delimitação de zonas de proteção das fontes de água e do reforço da proteção e da gestão. Problemas com a política Implementação insuficiente: Algumas empresas e indivíduos não prestam atenção suficiente à política de proteção da qualidade da água, o que resulta numa aplicação insuficiente da política. Mecanismo regulamentar inadequado: O atual mecanismo de regulação da qualidade da água apresenta ainda algumas

42

lacunas e deficiências que precisam de ser melhoradas. Pouca participação do público: Embora o governo tenha reforçado a sensibilização e a educação do público, a participação do público na proteção da qualidade da água ainda tem de ser melhorada.

12.3 Recomendações e perspectivas

Reforçar a aplicação das políticas: Os governos devem intensificar os seus esforços para combater as emissões ilegais, a fim de garantir que as políticas sejam efetivamente aplicadas.

Melhorar o mecanismo regulador: estabelecer um mecanismo regulador sólido da qualidade da água, reforçar a construção e a manutenção de estações de monitorização da qualidade da água e melhorar a precisão e a fiabilidade dos dados de monitorização.

Aumentar a participação do público: Reforçar a sensibilização e a educação do público para a proteção da qualidade da água, incentivar a participação do público na proteção da qualidade da água e aumentar o reconhecimento e a participação do público nas políticas de proteção da qualidade da água.

Promover a inovação científica e tecnológica: Reforçar a aplicação da inovação científica e tecnológica no domínio da proteção da qualidade da água para melhorar a eficiência e eficácia da monitorização e gestão da qualidade da água.

Capítulo 13: Exemplos de práticas bem sucedidas de gestão da qualidade da água a nível mundial

13.1 Marina Bay de Singapura

Antecedentes da zona: Singapura é um país com escassez de água e a zona de Marina Bay, a sua principal área urbana, enfrenta graves problemas de poluição da água. Para melhorar a qualidade da água, o governo de Singapura adoptou uma série de políticas e medidas inovadoras de gestão da qualidade da água.

Medidas práticas:

Recolha e utilização de águas pluviais: O Governo de Singapura tem promovido vigorosamente sistemas de recolha de águas pluviais, através dos quais a água da chuva é recolhida para purificação e tratamento e utilizada para necessidades de água não potável, como a descarga de sanitas e a lavagem de automóveis. Isto não só reduz a descarga de esgotos como também melhora a eficiência da utilização da água.

Tecnologia de tratamento de águas profundas: Singapura adopta uma tecnologia avançada de tratamento de águas profundas para purificar e tratar eficazmente as águas residuais, de modo a garantir que a qualidade da água efluente cumpre normas elevadas. Esta tecnologia remove eficazmente as substâncias nocivas das águas residuais e garante que os recursos hídricos são limpos e seguros.

Mecanismo de regulamentação rigoroso: O governo de Singapura estabeleceu um mecanismo regulador rigoroso para a descarga de efluentes e reprime as descargas ilegais. Ao mesmo tempo, o governo também incentiva as empresas a adoptarem tecnologias e equipamentos amigos do ambiente para reduzir a descarga de efluentes.

Avaliação do impacto: Com a aplicação das medidas acima referidas, a qualidade da água na zona de Marina Bay, em Singapura, melhorou significativamente. Os dados de monitorização da qualidade da água mostram que a qualidade da água produzida na zona atingiu níveis internacionalmente avançados, proporcionando água potável limpa e segura aos residentes.

13.2 Amesterdão, Países Baixos

Antecedentes: Amesterdão é a capital dos Países Baixos e uma cidade histórica de canais. Devido à complexidade do sistema de canais, Amesterdão enfrenta graves problemas de poluição da água. No entanto, através de uma série de práticas inovadoras de gestão da qualidade da água,

Amesterdão conseguiu melhorar a qualidade da água. Medidas práticas:

Dragagem e recuperação ecológica dos canais: O Governo de Amesterdão procede regularmente à dragagem dos canais para remover sedimentos e poluentes. Ao mesmo tempo, o governo implementou projectos de restauração ecológica para restaurar as funções ecológicas naturais dos canais e melhorar a capacidade de auto-purificação das massas de água.

Gestão das águas pluviais e infra-estruturas verdes: Amesterdão envidou grandes esforços para desenvolver infra-estruturas verdes, como telhados verdes, jardins de chuva, etc., que são eficazes na absorção e armazenamento da água da chuva e na redução da poluição dos canais provocada pelo escoamento das águas pluviais.

Participação do público e educação: O Governo de Amesterdão incentiva ativamente a participação do público na proteção da qualidade da água e sensibiliza-o para a proteção do ambiente através da educação e da publicidade.

O governo criou também um mecanismo de atribuição de prémios de proteção ambiental para reconhecer e recompensar indivíduos e organizações pelo seu desempenho excecional na proteção ambiental.

Avaliação do impacto: Com a aplicação das medidas acima referidas, a qualidade da água em Amesterdão melhorou significativamente. A água dos canais tornou-se mais clara e transparente e a variedade e abundância de organismos aquáticos aumentaram. Estas alterações não só melhoraram a qualidade de vida dos habitantes, como também abriram mais oportunidades para a indústria turística de Amesterdão.

Parte VII: Perspectivas Multidisciplinares

Capítulo 14: Análise cruzada das perspectivas sociológicas e económicas

14.1 A poluição da água numa perspetiva sociológica

1. Crescimento da população e urbanização

Com o crescimento da população e a urbanização acelerada, o rio Huangpu está sob uma enorme pressão. O problema das descargas de esgotos domésticos provocado pela densidade populacional e pela urbanização tornou-se cada vez mais grave, agravando a poluição da água.

2. Participação do público e sensibilização ambiental

O grau de sensibilização e participação do público nos problemas de poluição da água afecta diretamente a eficácia do tratamento. Melhorar a sensibilização e a participação do público na proteção do ambiente é de grande importância para melhorar a situação da poluição da água do rio Huangpu.

14.2 Poluição da água numa perspetiva económica

1. Estrutura industrial e poluição industrial

Verifica-se que as indústrias químicas pesadas e outras indústrias altamente poluentes representam uma proporção relativamente grande da estrutura industrial de Xangai, e as descargas de águas residuais destas indústrias tiveram um impacto grave na qualidade da água do rio Huangpu. A adaptação da estrutura industrial e o desenvolvimento de indústrias verdes e de uma economia circular são as chaves para reduzir a poluição industrial.

2. Políticas económicas e ambientais

Existe uma relação de influência e constrangimento mútuos entre as políticas económicas e ambientais. Ao formular as políticas económicas, é necessário ter plenamente em conta os factores ambientais e evitar a prossecução do desenvolvimento económico à custa do ambiente. Ao mesmo tempo, a aplicação das políticas ambientais deve também ter em conta as necessidades do desenvolvimento económico para garantir a racionalidade e a viabilidade das políticas.

3. Valor económico dos recursos hídricos

Os recursos hídricos têm valor económico, e a poluição da água não só afecta a utilização dos recursos hídricos como também prejudica o desenvolvimento económico. Por conseguinte, é necessário melhorar o mecanismo de preços dos recursos hídricos para promover a conservação e a utilização racional dos recursos hídricos.

14.3 Soluções integradas

1. Reforçar a coordenação das políticas

Tomar plenamente em consideração os factores ambientais na formulação das políticas económicas, a fim de garantir a aplicação efectiva das políticas de proteção do ambiente. Ao mesmo tempo, a comunicação e a cooperação entre o sector da proteção ambiental e outros sectores devem ser reforçadas para formar uma sinergia que promova conjuntamente o controlo da poluição da água.

2. Promover a participação do público

Reforçar a publicidade e a educação em matéria de proteção do ambiente e aumentar a sensibilização e a participação do público na proteção do ambiente. Incentivar o público a participar no trabalho de controlo e monitorização da poluição da água e criar uma atmosfera favorável para que toda a sociedade trabalhe em conjunto no controlo da poluição da água.

3. Reestruturação dos sectores

Otimizar a estrutura industrial, reduzir a proporção de indústrias altamente poluentes e desenvolver indústrias verdes e uma economia circular, Xangai desenhou o Mapa Industrial de Xangai 2022, as principais indústrias ajustadas à inteligência artificial, definidas no circuito, biomedicina, baixo carbono verde e outras indústrias-chave. Através da inovação tecnológica e da modernização industrial, as emissões de poluição industrial serão reduzidas e a poluição da água do rio Huangpu será melhorada.

4. Melhorar os mecanismos de tarifação da água

Promover a conservação e a utilização racional dos recursos hídricos, melhorando o mecanismo de preços dos recursos hídricos. Ao mesmo tempo, a proteção e a gestão dos recursos hídricos serão reforçadas para garantir a sua utilização sustentável.

Parte VIII: Apêndices

Apêndice A: Referências

Albergamo, V., Schollee, J. E., Schymanski, E. L., Helmus, R., Timmer, H., Hollender, J. e De Voogt, P. 2019. A triagem não-alvo revela tendências temporais de micropoluentes polares em um sistema de filtragem de margem de rio. Environmental Science&Technology, 53 (13), 7584-7594. doi: 10.1021/acs.est.9b01750.

Chattopadhyay, A., Singh, A. P., Singh, S. K., Barman, A., Patra, A., Mondal, B. P. e Banerjee, K. 2020. Variabilidade espacial do arsênico na bacia indo-gangética de Varanasi e sua avaliação do risco de câncer. Chemosphere, 238. doi: 10.1016/j.chemosphere.2019.124623.

Chaturvedi, R., Banerjee, S., Das, B., Chattopadhyay, P., Bhattacharjee, C. R. e Veer, V. 2016. Alto teor de nitrato na água de superfície de Balipara, bacia do rio Brahmaputra do Norte, distrito de Sonitpur, Assam, Índia: A Multivariate Approach. Current Science, 110 (7), 1350-1360. doi:

Chen, K., Liu, Q.-M., Peng, W.-H., Liu, Y. e Wang, Z.-T. 2023. Source Apportionment of River Water Pollution in a Typical Agricultural City of Anhui Province, Eastern China Using Multivariate Statistical Techniques with APCS-MLR. Ciência e Engenharia da Água, 16 (2), 165-174. doi: 10.1016/j.wse.2022.12.007.

Cheng, G., Wang, M., Chen, Y. e Gao, W. 2020. Distribuição da fonte de poluentes da água a montante do rio Yangtze usando APCW-MLR. Environmental Geochemistry and Health, 42 (11), 3795-3810. doi: 10.1007/s10653-020-00641-z.

Cho, Y. C., Choi, H., Lee, M. G., Kim, S. H. e Im, J. K. 2022. Identificação e repartição de fontes potenciais de poluição usando técnicas estatísticas multivariadas e modelo APCS-MLR para avaliar a qualidade da água de superfície na bacia hidrográfica do rio Imjin, Coreia do Sul. Water, 14 (5). doi: 10.3390/w14050793.

Duan, W. L., He, B., Nover, D., Yang, G. S., Chen, W., Meng, H. F., Zou, S. e Liu, C. M. 2016. Avaliação da qualidade da água e identificação da fonte de poluição da bacia do lago Poyang oriental usando métodos estatísticos multivariados. Sustainability, 8 (2). doi: 10.3390/su8020133.

Gholizadeh, M. H., Melesse, A. e Reddi, L. 2016. Avaliação da qualidade da água e repartição de fontes de poluição usando técnicas de modelagem de receptores APCS-MLR e Pmf em três grandes rios do sul da Flórida. Science of the Total Environment, 566, 1552-1567. doi:

10.1016/j.scitotenv.2016.06.046.

Han, Q., Tong, R. Z., Sun, W. C., Zhao, Y., Yu, J. S., Wang, G. Q., Shrestha, S. e Jin, Y. L. 2020. Anthropogenic Influences on the Water Quality of the Baiyangdian Lake in North China over the Last Decade [Influências Antropogénicas na Qualidade da Água do Lago Baiyangdian no Norte da China durante a Última Década]. Ciência do Ambiente Total, 701. doi: 10.1016/j.scitotenv.2019.134929.

Jabbar, F. K. e Grote, K. 2019. Avaliação estatística da poluição de fontes não pontuais em bacias hidrográficas agrícolas na bacia hidrográfica do rio Lower Grand, Mo, EUA. Pesquisa em Ciência Ambiental e Poluição, 26 (2), 1487-1506. doi: 10.1007/s11356-018-3682-7.

Le, T. V., Do, D. D. e Nguyen, B. T. 2023. Avaliação espácio-temporal e identificação e quantificação de fontes de poluição do sistema de águas superficiais numa região costeira do Vietname. Hydrological sciences journal, 68 (6), 782-793. doi: 10.1080/02626667.2023.2192352.

Li, W., Wu, J., Zhou, C. e Nsabimana, A. 2021. Identificação e repartição de fontes de poluição de águas subterrâneas usando modelos de receptores Pmf e Pca-APCS-MLR na cidade de Tongchuan, China. Archives of Environmental Contamination and Toxicology, 81 (3), 397-413. doi: 10.1007/s00244-021-00877-5.

Liu, C. W., Lin, K. H. e Kuo, Y. M. 2003. Aplicação da Análise Fatorial na Avaliação da Qualidade das Águas Subterrâneas numa Área de Doença de Blackfoot em Taiwan. Science of the Total Environment, 313 (1-3), 77-89. doi: 10.1016/S0048-9697(02)00683-6.

Liu, L. L., Tang, Z., Kong, M., Chen, X., Zhou, C. C., Huang, K. e Wang, Z. P. 2019. Rastreando as fontes potenciais de poluição da água costeira em Hong Kong com modelos estatísticos combinando APCS-MLR. Journal of Environmental Management, 245, 143-150. doi: 10.1016/j.jenvman.2019.05.066.

Ma, Z., Li, H., Ye, Z., Wen, J., Hu, Y. e Liu, Y. 2020. Aplicação do Índice de Qualidade da Água Modificado (Wqi) na Avaliação da Qualidade da Água Costeira nas Principais Áreas de Aquicultura de Dalian, China. Mar Pollut Bull, 157, 111285-111285. doi: 10.1016/j.marpolbul.2020.111285.

Muangthong, S. e Shrestha, S. 2015. Avaliação da qualidade da água de superfície utilizando técnicas estatísticas multivariadas: Estudo de caso do rio Nampong e do rio Songkhram, Tailândia. Monitorização e Avaliação Ambiental, 187 (9). doi: 10.1007/s10661-015-4774-1.

Ravindra, K., Thind, P. S., Mor, S., Singh, T. e Mor, S. 2019. Avaliação da contaminação das águas subterrâneas em Chandigarh: identificação de fontes e avaliação de riscos para a saúde. Poluição Ambiental, 255. doi: 10.1016/j.envpol.2019.113062.

Reitz, A., Hemric, E. e Hall, K. K. 2021. Avaliação de uma abordagem de modelagem de análise multivariada que identifica fontes e padrões de poluição fecal não pontual em uma bacia hidrográfica de uso misto. Journal of Environmental Management, 277. doi: 10.1016/j.jenvman.2020.111413.

Factos básicos de Xangai (SBF). 2022. Xangai: Gabinete de Informação do Governo Popular Municipal de Xangai Gabinete de Estatística de Xangai.

Thurston, G. D. e Spengler, J. D. 1985. A Quantitative Assessment of Source Contributions to Inhalable Particulate Matter Pollution in Metropolitan Boston. Atmospheric Environment, 19 (1), 9-25. doi: 10.1016/0004-6981(85)90132-5.

Tong, Y. D., Zhang, W., Wang, X. J., Couture, R. M., Larssen, T., Zhao, Y., Li, J., Liang, H. J., Liu, X. Y., Bu, X. G., He, W., Zhang, Q. G. e Lin, Y. 2017. Declínio na concentração de fósforo no lago chinês acompanhado de mudança nas fontes desde 2006. Nature Geoscience, 10 (7), 507. doi: 10.1038/NGEO2967.

Varol, M., Gokot, B., Bekleyen, A. e Sen, B. 2012. Variações espaciais e temporais na qualidade da água de superfície dos reservatórios da barragem na bacia do rio Tigre, Turquia. Catena, 92, 11-21. doi: 10.1016/j.catena.2011.11.013.

Wang, H. L., An, J. L., Cheng, M. T., Shen, L. J., Zhu, B., Li, Y., Wang, Y. S., Duan, Q., Sullivan, A. e Xia, L. 2016. Medições online de um ano de iões solúveis em água na cidade industrialmente poluída de Nanjing, China: Fontes, Variações Sazonais e Diurnas. Chemosphere, 148, 526-536. doi: 10.1016/j.chemosphere.2016.01.066.

Wang, L., Gao, S., Yin, X., Yu, X. e Luan, L. 2019. Acumulação de arsênico, distribuição e análise de fontes de arroz em uma área típica de cultivo de Tor no norte da China. Ecotoxicologia e Segurança Ambiental, 167, 429-434. doi: 10.1016/j.ecoenv.2018.10.015.

Wijesiri, B., Liu, A., Deilami, K., He, B. B., Hong, N. A., Yang, B., Zhao, X., Ayoko, G. e Goonetilleke, A. 2019. Interações de nutrientes e metais entre as fases de água e sedimentos: Um estudo de caso de um rio urbano. Environmental Pollution, 251, 354-362. doi: 10.1016/j.envpol.2019.05.018.

Wu, Y. 2023. Mudança da qualidade da água e análise das características de poluição do rio Huangpu no distrito de Yangpu de Xangai em 2016-2021. Environmental Monitoring and Forewarning, 15 (1), 80-84.doi: 10.3969/j.issn.1674-6732.2023.01.013. (em chinês).

Xiao, M. S., Bao, F. Y., Wang, S. e Cui, F. 2016. Avaliação da qualidade
da água do segmento do rio Huaihe de Bengbu (China) usando
técnicas estatísticas multivariadas. Water Resources, 43 (1), 166-176.
doi: 10.1134/S0097807816010115.

Xu, H., Paerl, H. W., Zhu, G. W., Qin, B. Q., Hall, N. S. e Zhu, M. Y.
2017. Tendências de nutrientes a longo prazo e potencial de floração
de cianobactérias nocivas no lago hipertrófico Taihu, China.
Hydrobiologia, 787 (1), 229-242. doi: 10.1007/s10750-016-2967-4.

Xu, Z., Xu, J., Yin, H., Jin, W., Li, H. e He, Z. 2019. Controlo da poluição
dos rios urbanos nos países em desenvolvimento. Nature
Sustainability, 2 (3), 158-160. doi: 10.1038/s41893-019-0249-7.

Xu, Z. e Yin, H. 2003. Análise da melhoria da qualidade da água do rio
Huangpu. Shanghai Environmental Sciences, 22 (3), 167-170 (em
chinês).

Yang, J., Holbach, A., Wilhelms, A., Krieg, J., Qin, Y., Zheng, B., Zou, H.,
Qin, B., Zhu, G., Wu, T. e Norra, S. 2020. Identificando a dinâmica
espaço-temporal de metais traço em lagos eutróficos rasos com base
em um estudo de caso no Lago Taihu, China. Environmental
Pollution, 264. doi: 10.1016/j.envpol.2020.114802.

Yu, L., Zheng, T. Y., Yuan, R. Y. e Zheng, X. L. 2022. Modelo APCS-
MLR: Um método conveniente e rápido para a identificação
quantitativa de fontes de poluição por nitrato em águas subterrâneas.
Journal of Environmental Management, 314. doi:
10.1016/j.jenvman.2022.115101.

Zhang, H., Cheng, S., Li, H., Fu, K. e Xu, Y. 2020a. Identificação e
repartição de fontes de poluição de águas subterrâneas usando
modelos de receptores Pmf e Pca-Apca-Mlr em uma área típica de uso
misto do solo no sudoeste da China. Science of the Total
Environment, 741. doi: 10.1016/j.scitotenv.2020.140383.

Zhang, H., Li, H., Yu, H. e Cheng, S. 2020b. Avaliação da qualidade da
água e repartição da fonte de poluição usando técnicas de modelagem
multiestatística e APCS-MLR na bacia do rio Min, China.
Environmental Science and Pollution Research, 27 (33), 41987-42000.
doi: 10.1007/s11356-020-10219-y.

Zhang, Q. Q., Wang, H. W., Wang, Y. C., Yang, M. N. e Zhu, L. 2017.
Avaliação da qualidade das águas subterrâneas e repartição das fontes
de poluição numa região intensamente explorada do norte da China.
Environmental Science and Pollution Research, 24 (20), 16639-16650.
doi: 10.1007/s11356-017-9114-2.

Zheng, L. Y., Yu, H. B. e Wang, Q. S. 2015. Avaliação das variações
temporais e espaciais na qualidade da água de superfície usando

técnicas estatísticas multivariadas: Um estudo de caso da bacia do rio Nenjiang, China. Journal of Central of South University, 22 (10), 3770-3780. doi: 10.1007/s11771-015-2921-z.

Zhong, M. F., Zhang, H. Y., Sun, X. W., Wang, Z. Y., Tian, W. e Huang, H. 2018. Analisando os Fatores Ambientais Significativos na Distribuição Espacial e Temporal da Qualidade da Água Utilizando Técnicas Estatísticas Multivariadas: Um estudo de caso no lago Balihe, China. Pesquisa em Ciência Ambiental e Poluição, 25 (29), 29418-29432. doi: 10.1007/s11356-018-2943-9.

Zhou, J., Hu, M., Liu, M., Yuan, J., Ni, M., Zhou, Z. e Chen, D. 2022. Combinando a estatística multivariada e os métodos de isótopos estáveis duplos para a identificação da fonte de nitrogénio nos rios costeiros da Baía de Hangzhou, China. Environmental Science and Pollution Research, 29 (55), 82903-82916. doi: 10.1007/s11356-022-21116-x.

Observações finais

A visão do autor para o futuro do rio Huangpu

Como investigador especializado na prevenção da poluição da água, a minha visão para o futuro do rio Huangpu é multidimensional, englobando tanto a sustentabilidade ambiental como uma ênfase na coexistência socioeconómica harmoniosa. De seguida, apresento alguns pontos-chave da minha visão para o futuro do rio Huangpu:

Melhoria da qualidade da água: Através de medidas contínuas de prevenção e controlo da poluição da água, a qualidade da água do rio Huangpu será significativamente melhorada para satisfazer ou exceder as normas nacionais e internacionais, proporcionando recursos hídricos limpos para o ecossistema e as actividades humanas.

Restauração do ecossistema: Restaurar o equilíbrio ecológico natural do rio Huangpu e da sua bacia hidrográfica através de técnicas de restauração ecológica, enriquecer a biodiversidade e proporcionar um ambiente de vida mais saudável para os organismos aquáticos.

Controlo das fontes de poluição: Reforçar o tratamento das águas residuais industriais e domésticas para garantir que todas as águas residuais descarregadas no rio Huangpu sejam submetidas a um tratamento rigoroso para reduzir a descarga de poluentes.

Desenvolvimento de infra-estruturas verdes: Construir infra-estruturas verdes, tais como jardins de chuva e zonas húmidas ecológicas na bacia do rio Huangpu, para tratar e purificar naturalmente as águas pluviais e reduzir a poluição das escorrências.

Participação e educação do público: Sensibilizar o público para a proteção do ambiente aquático e incentivar os cidadãos a participarem em acções de prevenção da poluição da água e de proteção dos rios através de actividades de educação e publicidade. Inovação e aplicação científica e tecnológica: Utilizar os mais recentes meios científicos e tecnológicos, como a monitorização por teledeteção e a análise de grandes volumes de dados, para monitorizar e avaliar a qualidade da água e o estado ecológico do rio Huangpu em tempo real e tomar contramedidas atempadas.

Apoio político e regulamentar: Desenvolver e aplicar políticas e regulamentos mais rigorosos em matéria de prevenção e controlo da poluição da água e proporcionar proteção jurídica para a proteção ambiental do rio Huangpu.

Governação regional sinérgica: Promover a governação sinérgica das regiões da bacia do rio Huangpu, realizar a partilha de recursos, a partilha de informações e a partilha de responsabilidades, e formar uma sinergia de governação do ambiente aquático na bacia.

Transformação económica e desenvolvimento verde: orientar a economia das zonas costeiras para um desenvolvimento verde, hipocarbónico e circular e reduzir a dependência dos recursos hídricos e a poluição.

Cooperação e intercâmbios internacionais: Reforçar a cooperação e o intercâmbio com organizações internacionais e outros países na prevenção e controlo da poluição da água, aprender com a experiência e tecnologia avançadas e aumentar a influência internacional da bacia do rio Huangpu.

Resumindo, a visão para o futuro do rio Huangpu é um ambiente aquático limpo, saudável e sustentável que não é apenas um tesouro ecológico para Xangai, mas também um motor verde para o desenvolvimento urbano e uma ligação cultural entre o passado e o futuro, entre o local e o mundo. Através da investigação científica, da inovação tecnológica, do apoio político e da participação pública, estamos confiantes de que esta visão se tornará uma realidade.

I want morebooks!

Buy your books fast and straightforward online - at one of world's fastest growing online book stores! Environmentally sound due to Print-on-Demand technologies.

Buy your books online at
www.morebooks.shop

Compre os seus livros mais rápido e diretamente na internet, em uma das livrarias on-line com o maior crescimento no mundo! Produção que protege o meio ambiente através das tecnologias de impressão sob demanda.

Compre os seus livros on-line em
www.morebooks.shop

Printed by Books on Demand GmbH, Norderstedt / Germany